U0257584

塔里木河流域水资源利用效率与绿色发展

Water Resources Utilization Efficiency and Green Development in Tarim River Basin

王光耀　邓昌豫　著

社会科学文献出版社
SOCIAL SCIENCES ACADEMIC PRESS (CHINA)

摘　要

　　走绿色发展之路是干旱区可持续发展的必然选择，在绿色发展背景下实现水资源可持续利用是塔里木河流域发展的必然要求。本研究基于绿色发展视角，综合使用面板数据、调查访谈数据，分析塔里木河流域水资源利用效率与用水结构的变化趋势以及在水资源开发利用过程中存在的问题，对该流域用水水平及水资源利用效率进行评价。

　　本书的研究结构与基本结论如下：第一章为研究概述，对研究背景、研究意义及研究思路进行了介绍，并对相关主题的国内外研究现状进行了梳理与总结；第二章详细阐述了研究的理论基础，主要包括干旱区山盆系统生态特征与能量运移规律、绿洲生态-经济系统理论、可持续发展理论与水资源效率理论；第三章在介绍研究区概况、数据来源及研究方法的基础上，基于强可持续发展理论，采用地理空间分析等方法对研究区的生态系统本底进行了基础性评价；第四章基于生态安全理论，在对研究区的生态安全格局开展深入分析后，采用水足迹法对研究区内的农业水污染进行了分析；第五章基于水资源效率理论，对研究区农业用水效率的时空格局和影响因素进行了分析；第六章基于绿色发展理论，采用实地调研得到的农户数据，对研究区农业用水效率进行了微观层面的分析；第七章基于集体行动理论，对塔里木河流域农业用水灌溉系统的集体行动逻辑进行了分析；第八章在前几章实证基础上得出基本的研究结论，并提出相关研究启示。

　　基于上述分析，本研究从绿色发展内涵、生态约束、农业用水效率、水资源供需平衡、农业用水的集体行动逻辑等方面得出了主要结论。①强可持续发展可在生态资源评价与生态空间划定中用于理论指导。②"两山"理论既坚持了强可持续发展理念关于自然资本保有量不能减少的底线思维，也吸收了弱可持续发展理念关于自然资本与人造资本在一定机制下具有等价值性的转化思维，并在此基础上，提出人类行为抉择的价值判断依据，为新时代生态文明建设发展提供了原则遵循。③塔里木河流域土地利用生态安全冲突等级较高，强可持续发展类生态空间的系统调节能力很差。④塔里木河流域绿洲生态系统分布在"四源一干"各流域的水量丰沛区域，具有一定的抗干扰性和反脆弱性，在坚持生态安全前提下，可以适度进行人造资本的开发。⑤2000~2020年，塔里木河流域整体景观生态处于好转状态。⑥塔里木河流域农业灰水足迹强度有一定改善，但流域内农业灰水足迹强度与效率存在明显的空间差异性。⑦从面板数据分析可以看出，塔里木河流域农业用水效率呈现逐年提高的趋势，但整体不高；农业用水效率值较高的县（市）主要分布在流域东部和西部边缘，研究时段内效率值分布重心呈现自中部向西南部演进的趋势；进一步研究发现，农业水价、经济发展水平、节水灌溉技术等因素对流域农业用水效率的影响显著。⑧从对实际调查数据的分析可以看出，塔里木河流域农业用水效率总体较低，流域内兵团农业用水效率远高于地州农业用水效率；作物种植面积、种植业收入占比、滴灌使用情况、灌溉水充足程度、节水意愿、水资源丰歉感知等因素对农业用水效率具有显著影响。⑨在其他条件不变的情况下，兵团产业结构变化相较于工业经济增长给工业水资源利用带来的影响更加明显；兵团的可持续发展受限于自然本底约束下的水资源情况，其将长期处于水资源生态赤字的状态，但赤字的程度将不断减轻，供需矛盾会逐渐缓和；在兵团各大用水账户中，农业用水量最大，占比最高，提高农业用水的使用效率是节约水资源、实现水资源可持续发展的重中之重。⑩从社会资本角度分析，自然地理特征、经济社会属性、通用制度规则三方面因素可以影响天山北坡经济带农户集体行动的参与行为。⑪从规模化经营角度分析，农户参与合作社对农户节水灌溉技术采纳行为有显著正向影响。

据此，本研究从强可持续发展理念、农业用水效率空间格局、乡村治理与灌溉系统集体行动等方面提出系列政策建议。

关键词： 绿色发展 水资源利用效率 强可持续发展 灌溉系统集体行动

2

Abstract

The road of green development is the inevitable choice of sustainable development in the arid area, the sustainable utilization of water resources under the background of green development is the inevitable requirement of the development of Tarim River Basin, to explore the ecological background and the current situation of water resources and the trend of the utilization efficiency, the structure and the problems in the evaluation of the water use level, and the utilization efficiency of water resources.

The research structure and basic conclusions of this paper are as follows: Chapter 1 is the introduction. In this chapter, this paper introduces the research background, research significance and research ideas, and summarizes the research status of related topics at home and abroad. Chapter 2 expounds the theoretical basis of the research in detail, including the ecological characteristics and energy transport law of the mountain basin system in arid areas, the theory of oasis ecology-economic system, the theory of sustainable development and the theory of water resource efficiency. On the basis of the general situation of the study area, the data source and the research method of the study area, the basic evaluation of the ecosystem background of the study area is used in Chapter 3. Chapter 4 is based on the ecological security theory, after the in-depth analysis of the ecological security pattern in the research area, the water footprint method is used to analyze the agricultural water pollution in the study area. In Chapter 4, based on water resource efficiency theory, the spatial pattern and influencing factors of agricultural water use efficiency in the study area are analyzed.

3

Chapter 6, based on the theory of green development, also analyzes the green efficiency of agricultural water in the research area. Based on the theory of collective action, Chapter 7 analyzes the collective action logic of agricultural water irrigation system in Tarim River Basin. Chapter 8, based on the empirical basis of the previous chapters, draws the basic research conclusions, and puts forward the relevant research enlightenment.

Based on the above analysis, this paper draws the main conclusions from the aspects of green development connotation, perspective of ecological constraints, efficiency of agricultural water use, balance of water supply and demand, and collective action logic of agricultural water. ①Strong sustainable development can be used for theoretical guidance in ecological resource evaluation and ecological space delineation. ② The theory of "Two Mountains" adheres to the strong sustainable development concept of natural capital ownership cannot reduce the bottom line of thinking, also absorbs the weak sustainable development concept of natural capital and artificial capital under a certain mechanism of value of thinking, and on this basis, it puts forward the value of human behavior choice basis, for the new era of ecological civilization construction development provides the principle to follow. ③The conflict level of land use ecological security in the Tarim River Basin is relatively high, and the system regulation ability of the strong sustainable development ecological space is very poor. ④ The oasis ecosystem of Tarim River Basin is distributed in the area with abundant water in the "four sources and one dry" basin, which has certain anti-interference and anti-vulnerability. Under the persistence of ecological security, the development of artificial capital can be carried out appropriately. ⑤From 2000 to 2020, the overall landscape ecological risk of the Tarim River Basin is in an improving state. ⑥The intensity of agricultural ash water footprint in the Tarim River Basin has been improved to some extent, but there are obvious spatial differences in the intensity and efficiency of agricultural ash water footprint in the river basin. ⑦From the analysis of panel data, agricultural water efficiency in Tarim River Basin is increasing year by year, but not high overall; counties (cities) with high agricultural water efficiency value are mainly distributed in the eastern and western edge of the basin, and efficiency value distribution center during the study period. Further research shows that agricultural water price, economic development level, water-saving irrigation technology have a significant influence on agricultural water efficiency in the basin. ⑧From the analysis of actual survey data, we can see that the green efficiency of agricultural water in Tarim River Basin is generally low, and the green efficiency is much higher than that of the green efficiency in agricultural water; the area of crop planting, income proportion of planting industry, irrigation water adequacy, water saving intention and perception have significant influence on the green efficiency of agricultural water use. ⑨ Under other conditions, compared with the growth of the industrial economy, the sustainable development of the XPCC is limited by the water shortage under the natural background, and will be in the ecological deficit, but the deficit will continue to reduce, and the contradiction between supply and demand will gradually ease. In the major water consumption accounts of the XPCC, the use efficiency of agricultural water is the top priority to save water resources and realize the sustainable development of water resources. ⑩From the perspective of social capital, the three factors of natural geographical characteristics, economic and social attributes, and general institutional rules can affect the participation behavior of farmers in collective action in the economic belt on the Northern Slope of Tianshan Mountains. ⑪From the analysis of large-scale operation, farmers' participation in cooperatives has a significant positive impact on the adoption of water-saving irrigation technology.

Accordingly, a series of policy suggestions are put forward from the strong sustainable development concept, the perspective of strong sustainable spatial pattern of agricultural water efficiency, and collective action of rural governance and irrigation system.

Keywords: Green Development; Water Resources Use Efficiency; Strong Sustainable Development; Irrigation System; Collective Action

目　录

图目录

表目录

第一章 研究概述

一 选题背景和研究意义

（一）选题背景

水是生存之本、文明之源、生态之基。党中央、国务院和新疆维吾尔自治区党委高度重视水利工作。水资源是维持一个地区经济社会发展和生态安全的重要因素，尤其是对新疆干旱半干旱区经济的高速提升、生态环境的可持续发展作用更加明显。新疆生产建设兵团（以下统一简称"兵团"）是新疆的有机组成部分，始终履行维稳戍边职责使命，壮大南疆兵团力量是以习近平同志为核心的党中央对兵团的定位要求，是实现新疆社会稳定与长治久安的关键一招，是兵团必须完成好的重大政治任务，千难万难也要向南。南疆兵团发展需要大力发展经济，优化人口资源，壮大人口规模，走新型工业化、新型城镇化的道路。但是南疆水资源有限，随着经济社会的发展，南疆水资源供需矛盾日渐突出，已有的研究表明，南疆广大地区在以水资源开发利用为核心的大强度人类活动、社会活动的作用下，生态环境正在发生显著变化，一方面，土地生产力和水资源利用效率得到提高，绿洲小气候得以改善，资源环境容量得到增加；另一方面，生态问题与环境问题日益突出，譬如，山区水源涵养功能下降，绿洲土壤盐碱化加剧，湖泊水环境污染加重，荒漠生态系统退化，等等（陈亚宁、陈忠升，2013）。

"十三五"时期，兵团水利得到全面快速发展，有力保障了兵团经济社会发展。但是与兵团经济社会发展、人民生活水平提高、生态环境改善的需求相比，水利的支撑和保障能力还很有限，水利建设任务仍然艰巨。在南疆，和田依赖和田河，莎车依赖叶尔羌河，喀什依赖喀什噶尔河，阿克苏依赖阿克苏河，库车依赖渭干河，库尔勒依赖孔雀河，若羌依赖车尔臣河，阿拉尔处于和田河、叶尔羌河、阿克苏河汇聚的塔里木河地区。第一师、第二师、第三师、第十四师分布在塔里木盆地边缘的绿洲地带，其中，37个团场呈月牙形分布在塔克拉玛干沙漠边缘，分布线长1500多千米。南疆兵团各师机关所在地：第一师在阿拉尔市，第二师在库尔勒市，第三师在喀什市，第十四师在和田市。南疆要走新型工业化、新型城镇化道路，必须走基于水资源利用效率提高的绿色发展道路，这就需要紧紧围绕塔里木河流域进行研究，提升水资源的使用效率，布局好、谋划好工业用水点分布与工农业用水比例，严格控制入河湖排污总量，着力发展节水产业，大力推广节水技术，改进径流调节工程，实现地表水和地下水联合调度与管理，提高水资源利用效率（陈亚宁、杜强等，2013；陈亚宁等，2019）。

塔里木河流域地处南疆塔里木盆地腹地，其流域面积约为102万平方千米，是丝绸之路经济带建设的核心区，塔里木河流域历史上由"九源一干" 144条河流构成，但目前仅有和田河、叶尔羌河、阿克苏河、开都河-孔雀河四大支流与塔里木河干流有地表水力联系，另外的渭干河-库车河三角洲、喀什噶尔河、迪那河、车尔臣河、克里雅河等先后断流，与干流完全失去地表水力联系。干、支流水网系统的破坏和支流的萎缩，不仅使得进入干流的水量减少，而且导致断流河道下游生态系统严重退化。由于气候干旱、水资源分布不均等诸多因素，该地区的水资源利用效率较低。在过去的几十年中，塔里木河流域水资源利用主要靠对地下水的开采来满足需求，这种做法导致了地下水位下降、水质严重恶化等问题。

塔里木河流域实现绿色发展需要立足区域的自然条件、资源禀赋、地理特征和产业优势，把握好水资源红线，推动形成绿色生产方式。为此，本研究试图解决以下问题：①研究干旱区流域水资源利用效率与绿色发展的关系；②探析塔里木河流域水资源利用效率与影响因素；③在水资源可持续利用基础上，优化工农业用水比例，提出南疆兵团发展中就近就便嵌入式发展、应急处突的布局优化方案；④基于绿色发展理念，塔里木河流域水资源优化配置与使用效率提升的路径方式与机制设计。

（二）研究意义

塔里木河是我国最长的内陆河流，也是世界著名的内陆河之一。塔里木河哺育了新疆1/2左右的人口，滋润灌溉着100多万公顷的耕地，涵盖了我国最大盆地——塔里木盆地的绝大部分，是保障塔里木盆地绿洲经济、自然生态和各族人民生活的生命线，被誉为"生命之河""母亲之河"。塔里木河地处塔克拉玛干沙漠腹地，气候干旱少雨（年平均蒸发量在3000mm以上，年平均降水量仅为60mm），天然植被稀疏，自然环境十分脆弱。由于自然和历史等原因，该流域社会经济发展相对滞后，存在产业发展不均衡、结构不合理、城镇化率较低等问题，这些问题的存在与水资源利用效率低有关（陈曦等，2016）。提高水资源利用效率是实现流域以生态优先、绿色发展为导向的高质量发展的重要手段。本书的意义可以概括为以下三点。

1. 有利于贯彻新发展理念，构建新发展格局

限制塔里木河流域社会经济可持续发展的制约因素很多，其中一个重要因素是水资源的使用效率问题，只有坚持以习近平生态文明思想为指导，牢固树立和践行"绿水青山就是金山银山"的理念，坚持以人民为中心的发展思想，坚持山水林田湖草沙一体化保护和系统治理，坚持节水优先、空间均衡、系统治理、两手发力的治水思路，坚持以水定绿、以水定地、以水定人、以水定产，统筹水资源、水环境、水生态治理，走好水安全有效保障、水资源高效利用、水生态明显改善的集约节约发展之路，才能为全面建设社会主义现代化国家提供有力的水安全保障。本研究以水资源利用效率问题为突破口，通过探索优化水资源配置，提升水资源利用效益的路径与方式，促进水资源的可持续利用，有利于维持塔里木河流域水资源的供需平衡，严格落实水资源红线，推动塔里木河流域绿色发展，维护和改善塔里木河流域生态环境，建设美丽南疆。

2. 有利于塔里木河流域人口的集聚

人口向城市集聚是人类社会发展的重要现象，在人口集聚过程中，技术得以进步，经济实现增长，城市获得繁荣。于兵团而言，没有足够的人口聚集，就没有强大合力，兵团的特殊作用就得不到充分发挥。水是经济社会发展的命脉，是基础性自然资源和战略性经济资源，水资源利用效率有多高，经济社会发展空间就有多大。随着新疆各项工作重心向南疆倾斜，塔里木河流域"绿色走廊"将集聚更多的人口。然而塔里木河流域水资源总量在一定时期内具有稳定性，这就需要研究在有限的水资源基础上，通过提升水资源利用效率，坚定走以生态优先、绿色发展为导向的高质量发展新路子，推动生态产业化、产业生态化，进而促进人口集聚，优化人口资源。

3. 有利于新疆工作总目标的实现

推进中国式现代化，必须把水资源问题考虑进去。新征程上，要完整、准确、全面贯彻新发展理念，立足资源禀赋、区位优势和产业基础，立足流域整体和水资源空间均衡配置，进一步提高水资源集约安全利用水平，切实发挥水利在加快构建新疆"八大产业集群"、支撑"一带一路"核心区和农业强区建设中的关键作用，充分发挥水资源在新疆经济、社会、生态建设中的关键作用，为新疆高质量发展提供坚实有力的水支撑。该研究是在贯彻落实党中央关于新疆工作的重大决策部署和习近平总书记系列重要讲话精神基础上进行的，塔里木河流域涵盖南疆 5 个地州和南疆兵团大部分的农垦团场，本书的政策启示能够对地方社会经济绿色发展以及南疆兵团发展战略布局等提供决策参考，对推进兵团深化改革、实现新疆工作总目标、促进南疆经济社会的可持续发展、发挥兵团"三大功能""四大作用"等方面具有较强的现实意义。

（三）学术价值

1. 丰富经济、环境和社会发展三者关系的理论分析

塔里木河生态环境脆弱，经济增长方式粗放，该流域资源环境面临的压力较大，资源环境问题较突出，解决起来较为困难。目前学界关于水资源使用与绿色发展关系研究的文献多集中在外流河流域，对干旱区内陆河流域的研究还显得不够充分。绿色经济是创新经济发展机制、政策、方案的综合体现，水资源利用效率与绿色发展的关系探讨需要将两者放在该流域经济活动全过程中进行考虑，通过本项目能够系统地研究内陆河流域水资源利用效率与绿色发展的融合关系，探讨内容涵盖内陆河流域水资源政策制定、区域经济发展、产业结构调整、科技创新、环境公平等领域。本书基于塔里木河流域区域实际，结合资源禀赋、地理区位、经济基础等实际情况，在探索水资源利用效率提升的基础上实现经济社会的绿色发展，研究成果旨在为生态环境脆弱区建立一种经济发展与环境保护之间相互平衡、相互协调的互动关系，使得人与人、人与自然更加和谐，研究成果具有鲜明的区位特征，能够丰富经济、环境和社会发展三者关系的分析。

2. 为干旱区内陆河流域生态文明建设提供方法论参考

塔里木河流域是典型的干旱区，随着经济社会的发展，南疆将会在较短时期内迁入大量人口，届时水资源供需矛盾将更加突出，若不能很好地解决这一问题，不但无法建成塔里木河流域生态文明，而且会阻碍南疆在全面建成小康社会基础上基本实现社会主义现代化的进程。目前塔里木河流域综合治理工程有效遏制了下游生态持续恶化的趋势，但是总体来讲，塔里木河流域依然存在自然条件较差、水利建设比较薄弱的状况，合理地调整产业结构，降低农业用水占比，适当增加节水型企业在整体流域范围经济中的比例，提升水资源利用效率，是该流域实现绿色发展应该重点考虑的方向。本书能够为塔里木河流域产业优化布局提出科学合理的方案，能够为干旱区内陆河流域调整与优化产业结构、促进区域可持续发展以及建设区域生态文明提供方法论启示。

（四）应用前景

1. 为干旱区绿洲可持续管理提供科学参考依据

水资源是制约绿洲发展规模的根本原因，绿洲中耕地面积的持续扩大强烈挤占了生态空间，导致荒漠-绿洲过渡带萎缩、生态屏障功能下降。同时，在断流河道下游河床中开垦种地破坏了行水河道，极大影响了断流河道的水系连通。绿洲农业生产的过度用水不仅导致下游河道断流，而且严重挤占生态用水，引发周边荒漠生态系统受损。然而，绿洲多沿河道展布，被荒漠分割、包围，荒漠生态保育与荒漠环境的稳定对绿洲经济社会的可持续发展至关重要；耕地面积的持续扩大和农业用水结构的不合理，加剧了流域生产、生态用水矛盾，致使流域生态用水难以得到保障。塔里木河流域生态隐忧日益凸显。在塔里木河流域水资源供给现状下，可利用水资源量已达到所能维系的最大绿洲规模，耕地面积不宜再扩大。在干旱区绿洲农业发展过程中，要着力发展绿洲节水产业，大力推广节水技术，改进灌溉方式，加快径流调节工程建设，实现地表水和地下水联合调度与管理，提高水资源利用率。

2. 为壮大南疆兵团力量、优化分布格局等提供决策参考

兵团是维护新疆稳定的重要力量，由于历史及各种原因，兵团的政治经济中心一直在天山以北。而面对当前的新疆形势，合理调整兵团人口布局、经济布局，促使文化均衡发展，水资源的合理使用是关键因素。水资源可持续利用对兵团在南疆的发展具有重要意义，南疆兵团发展，必定需要迁移大量的人口到南疆屯垦戍边，而塔里木河流域是典型的干旱区，保障塔里木河流域新增人口的用水安全与维护南疆生态安全是需要同时考虑的事情。本书以南疆兵团发展中绿色发展理念下水资源的可持续利用为研究视角，分析南疆兵团发展布局优化问题，研究的成果能够在壮大南疆兵团力量、优化分布格局以及发挥好兵团战略功能和战略作用等方面提供决策参考、建议与启示。

二　国内外研究现状

（一）关于绿色发展的研究

绿色发展是基于可持续发展理论产生的新型经济发展理念，已成为全球性的潮流和趋势，并深刻影响着世界各国的经济和社会发展进程，致力于提升人类福利与社会公平，并且大幅度降低环境与生态风险。

绿色发展理念的提出可以追溯到 20 世纪 60 年代，1962 年美国科普作家蕾切尔·卡逊撰写的《寂静的春天》一书引起人们广泛关注，人们开始思考环境污染、生态破坏对人类赖以生存的环境带来的灾难，公众的环保意识被快速唤醒。同一时期，美国经济学家肯尼斯·波尔丁在《即将到来的宇宙飞船世界的经济学》一文中首先提出循环经济，他把地球比作宇宙飞船，作为一个孤立的系统，地球资源有限，只有不断地循环利用资源，地球才能长存。波尔丁的宇宙飞船经济理论以及随后戴利、皮尔斯等人有关稳态经济、绿色经济、生态经济的理论探讨，促进了资源与环境经济学以及生态经济学的诞生与发展，半个多世纪以来，学界对环境保护、清洁生产、绿色发展、绿色消费和废弃物的再生利用等的研究不断深入，绿色发展不断被赋予新的内容。

1. 学界对绿色发展思想的研究方向

（1）绿色发展内涵研究

对绿色发展内涵的界定，学界从三个方面展开：一是围绕生态变化与环境保护，强调减少资源损耗，加强节能减排，注重环境保护（Mcdowell et al.，1991；Csete et al.，2012）；二是绿色发展的逻辑起点为经济社会的发展，以绿色技术、绿色能源、绿色新兴产业为经济发展助力，从扩大效率概念、能源转变、将自然资本价值纳入经济生活，以及实施有效的环境污染定价等四个方面推动经济的绿色发展（Hammer，2011；Jouvet et al.，2013）；三是从"经济－生态－社会"可持续发展角度分析探讨绿色发展，强调系统性与整体性（胡鞍钢等，2014；任平等，2019；李桂花等，2019）。

（2）资源环境与经济发展之间关系研究

绿色发展具有很强的包容性，可以涵盖区域经济学、资源与环境经济学、生态经济学、循环经济学、地理学等学科，分析两者的关系有以下观点：一是从环境承载力视角分析资源环境与经济发展的关系，认为生态、资源、环境与社会经济等维度具有同等重要性，强调资源环境与经济发展协同发展（Daily，1992；Furuya，2004；郭倩等，2017；赵东升等，2019）；二是认为经济社会系统是一个大系统，资源环境是该系统的一个子系统或者经济增长的维度，资源环境对经济发展具有直接影响（Bulte et al.，2005）。

（3）绿色经济发展评价研究

与绿色发展理论研究同步进行的还有对绿色经济发展评价的探索与论证，环境经济学、生态经济学、生态学、地理学和管理学等学科相关学者做了大量探索，对绿色经济发展的评价涵盖两个相互联系、相互依存的维度：一方面，对绿色发展指标体系进行探索与实证，相关研究先后从自然资源承载力（Wenhu，1987）、自然资源核算、森林资源与环境核算、废弃物及其再循环核算、环保支出核算、矿物资源账户、综合经济与环境的卫星账户以及经济和生态核算体系等角度出发，经过不断发展，使指标体系涵盖国土空间优化、自然资本利用、经济发展质量、社会福祉进步及环境污染治理、低碳经济体系、能源效率体系、绿色科技创新体系、可再生能源体系和交通运输体系等内容；另一方面，评价方法包括投影寻踪法、数据包络分析、熵权-TOPSIS评价法、马尔科夫链、障碍度模型等（郭艳花等，2020）。

2. 绿色发展中文发文趋势

（1）发文趋势分析

文献发文趋势是衡量学科中各个领域研究发展的重要指标，通过绘制文献数量随时间的分布曲线，可以有效评估该领域学科所处的研究状态，进一步预测其发展动态和趋势。图1-1是2000~2022年中国知网数据库中绿色发展研究相关文献的年度分布情况，计算得知，20多年里中国知网数据库中绿色发展研究相关文献的年均发表量为299.2篇。绿色发展研究在近几年的发展速度较快。整体来看，可以分为三个研究阶段：2000~2009年是缓慢萌芽期，绿色发展的相关研究刚刚起步，年均发文量仅为13.1篇，学术界对该领域的关注也并不是很多。随着对环境的重视，学者对该领域的研究逐步加深。2010~2015年，绿色发展进入了发展的稳定期，年均发文量达到了159.7篇，这说明该领域的研究逐渐受到重视，对当时学术界和实践界的影响逐渐增强。2016~2022年为绿色发展领域研究的爆发增长期，年均发文量达到了827.4篇，党的十八大以来，以习近平同志为核心的党中央高度重视绿色发展，把生态文明建设摆到党和国家事业全局突出位置，坚持倡导绿色、低碳、循环、可持续的生产生活方式，科学阐释生态环境保护和经济发展的辩证统一关系，不断开拓生产发展、生活富裕、生态良好的文明发展道路。习近平多次指出，建设绿色家园是各国人民的共同梦想。建立健全绿色低碳循环发展经济体系，促进经济社会发展全面绿色转型，是解决我国资源环境生态问题的基础之策。由于国家对绿色发展高度重视，各地政府积极响应国家发展战略，并就绿色发展问题分别从实践界和理论界展开了较为深入的探讨与研究。尤其是到2022年，绿色发展的发文量为1083篇，达到了绿色发展20余年研究的峰值。众多学者针对如何实施绿色发展、绿色发展面临的问题和挑战及绿色发展的效率等各方面展开探讨。因此，在此期间，绿色发展研究有了前所未有的进步，绿色发展研究领域具备了一定的体系和结构，且保持了一定的稳定增长速度，与此同时，根据绿色发展的研究趋势及现实中社会对绿色发展的迫切需要，未来几年内，绿色发展仍然会有很大的研究空间，其研究发文数量也将持续增长。

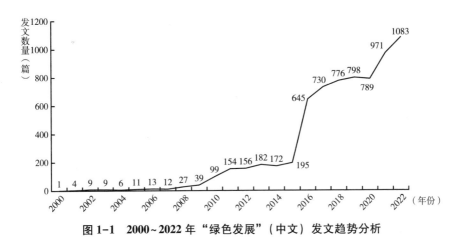

图1-1 2000~2022年"绿色发展"（中文）发文趋势分析

（2）关键词共现分析

本书采用CiteSpace软件对绿色发展领域的关键词进行分析，并生成关键词共现图谱（见图1-2），图谱共有节点N=225个，连线E=293条，节点代表关键词，节点半径代表关键词出现频次，连线代表关键词间的关联，网络密度Density=0.0116。关键词节点由不同颜色组成，由内向外的颜色变化表示关键词不同时间段的研究，并且外圈的颜色越深，说明离最近的研究更近，是当前研究的前沿话题；关键词的节点标签越大，说明频次越高。高频次出现在某一领域的关键词可反映该领域的研究重点。除检索词之外，绿色发展理念、生态文明、长江经济带、绿色发展效率、生态文明建设、农业绿色发展标签较大，说明这几个主题是绿色发展当前的热点话题。生态文明、可持续发展、绿色经济、绿色转型、指标体系等关键词外圈颜色较深，说明这几个研究话题是当前绿色发展领域的前沿话题。

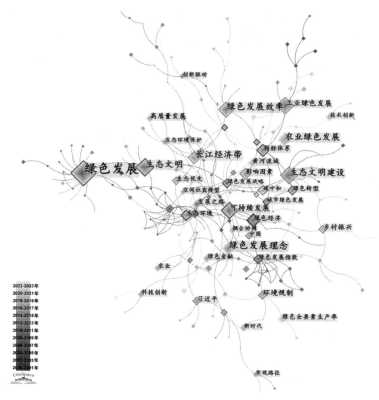

图 1-2 "绿色发展"（中文）关键词共现

表 1-1 列举了频次排名前 20 的关键词。目前我国绿色发展研究领域大部分围绕绿色发展理念、生态文明、长江经济带、绿色发展效率、生态文明建设等方面。其中，"绿色发展理念"一词受关注度最高，频次为 118，是该领域出现频次最高的词，说明学术界对绿色发展理念的关注度最高；除此之外，生态文明的频次排在第二位，频次为 101，也是重要关注的话题；长江经济带排在第三位，频次为 95。由中心度来看，绿色经济最高，达到 0.41，这表明绿色经济在绿色发展领域内处于核心位置，与其他关键词关系密切，同时也是绿色发展的重要基石；指标体系的中心

度排在第二位，达到了 0.33；可持续发展、绿色发展指数排在第三位，均达到了 0.30。在整体绿色发展文献分析研究中发现，绿色发展包含了多方面、多角度的主题，普遍研究较为多元化，这也贯彻了习近平总书记提出的新时代中国特色社会主义生态文明思想，坚持以人民为中心，牢固树立和践行"绿水青山就是金山银山"的理念。由研究年份可知，高频词绿色发展理念、长江经济带、农业绿色发展等关键词出现在近 10 年内，说明这几个主题在近几年的发展速度较快，是当前绿色发展的研究热点，产出了更多的相关研究。

表 1-1 "绿色发展"（中文）关键词信息

序号	频次	中心度	年份	关键词	序号	频次	中心度	年份	关键词
1	118	0.03	2015	绿色发展理念	11	29	0	2018	高质量发展
2	101	0.21	2008	生态文明	12	27	0	2020	黄河流域
3	95	0.10	2016	长江经济带	13	27	0.18	2015	影响因素
4	92	0.19	2014	绿色发展效率	14	25	0.33	2013	指标体系
5	90	0.19	2010	生态文明建设	15	24	0.11	2016	习近平
6	80	0	2018	农业绿色发展	16	24	0.41	2012	绿色经济
7	44	0.30	2010	可持续发展	17	23	0.02	2020	绿色全要素生产率
8	39	0.16	2009	工业绿色发展	18	23	0.10	2008	发展之路
9	38	0.11	2018	环境规制	19	22	0.30	2010	绿色发展指数
10	30	0.11	2018	乡村振兴	20	21	0	2018	农业

（3）突现词分析

本书通过 CiteSpace 软件的 Bursts 检测算法得到中国知网数据库中绿色发展领域的关键词热点演化图谱，关键词突现是指短时间内该关键词的使用频率骤增，可以反映在某一时期内该领域研究趋势与变化规律，动态分析关键词的突变性能够有效了解该领域，同时也为学者在该领域的研究方向提供参考。本研究生成了绿色发展领域突现强度排名前 25 的关键词，分别为绿色发展战略、中国造纸协会、发展之路、绿色发展指数、低碳经济、绿色经济、生态文明、科学发展观、生态文明建设、路径、绿色发展理念、习近平、精准扶贫、新时代、绿色发展水平、农业绿色发展、绿色全要素生产率、黄河流域、碳中和、技术创新、绿色发展效率、环境规制、耦合协调、高质量发展、时空演变，具体突现词的受关注程度和热点持续时间见表1-2。

表1-2 "绿色发展"（中文）突现词

关键词	概念提出年份	突现强度	热点开始年份	热点结束年份
绿色发展战略	2003	3.9	2003	2009
中国造纸协会	2009	3.92	2009	2011
发展之路	2008	3.39	2008	2015
绿色发展指数	2010	4.96	2010	2013
低碳经济	2010	4.73	2010	2013
绿色经济	2012	6.47	2012	2017
生态文明	2008	4.05	2012	2015
科学发展观	2012	3.82	2012	2013
生态文明建设	2010	4.18	2014	2017
路径	2014	3.54	2014	2017
绿色发展理念	2015	8.59	2016	2017
习近平	2016	6.37	2016	2019
精准扶贫	2016	3.8	2016	2019
新时代	2018	4.29	2018	2021
绿色发展水平	2018	3.42	2018	2021
农业绿色发展	2018	11.23	2020	2023
绿色全要素生产率	2020	8.3	2020	2023
黄河流域	2020	8.05	2020	2023
碳中和	2021	6.73	2021	2023
技术创新	2020	5.5	2020	2023
绿色发展效率	2014	5.19	2020	2023
环境规制	2018	4.67	2020	2023
耦合协调	2020	4.6	2020	2023
高质量发展	2018	3.48	2020	2021
时空演变	2020	3.41	2020	2023

从突现时间视角看，"绿色发展战略"是最早出现的，开始时间为2003年，延伸的领域呈现多元化的状态。

绿色发展领域的热点持续时间是2003~2023年。其中，2003~2009

年是我国绿色发展研究的起步阶段,绿色发展战略是该阶段的研究热点,突现强度为3.9,热点持续时间为6年,这说明在此期间学术界针对不同地区、不同企业的绿色发展战略展开了广泛讨论。1992年6月,联合国在里约热内卢召开的"环境与发展大会",通过了以可持续发展为核心的《里约环境与发展宣言》《21世纪议程》等文件。随后,中国政府编制了《中国21世纪议程——中国21世纪人口、环境与发展白皮书》,首次把可持续发展战略纳入我国经济和社会发展的长远规划。1997年党的十五大把可持续发展战略确定为我国"现代化建设中必须实施"的战略。2002年党的十六大把"可持续发展能力不断增强"作为全面建成小康社会的目标之一。

2010~2015年,绿色发展研究进入了稳定增长期,在此期间,绿色发展指数、低碳经济、绿色经济、生态文明建设、科学发展观等主题是主要的研究热点,且绿色经济、低碳经济、绿色发展指数的突现强度较高,分别达到了6.47、4.73、4.96,最早在2013年,中央城镇化工作会议提出"要坚持生态文明,着力推进绿色发展"。学者们围绕为何发展绿色经济、怎么发展绿色经济等主题展开了深入研究。

2016~2023年,绿色发展领域文献激增,涌现的成果也更加多元化。在此期间,热点主题包括绿色发展理念、农业绿色发展、绿色全要素生产率、黄河流域、碳中和、技术创新、绿色发展效率等。2015年,党的十八届五中全会通过《中共中央关于制定国民经济和社会发展第十三个五年规划的建议》,将绿色发展与创新、协调、开放、共享等发展理念共同构成五大发展理念。2017年,党的十九大报告明确指出,加快建立绿色生产和消费的法律制度和政策导向,建立健全绿色低碳循环发展的经济体系。这是对可持续发展理念的一次继承与超越,可以说是"前人种树,后人乘凉"。当然,这里的"树"并不是指一般意义上的植物,而是指对生态环境进行持续的生态投资,不断积累生态资本。在2016~2023年的热点主题中,农业绿色发展的突现强度达到了11.23,说明在此期间学术界对农业的绿色发展关注度很高,围绕如何推进农业绿色发展提出了不同的思考和建议。绿色全要素生产率和黄河流域也是该阶段比较重要的热点话题,突现强度分别为8.3和8.05,说明学者们对绿色全要素生产率和黄河流域也较为关注。上述分析结果表明，国家重大政策的发布和宣传对科研工作具有显著的引领和导向作用。

3. 绿色发展英文发文趋势

（1）关键词共现分析

本书采用 CiteSpace 软件对绿色发展领域的英文关键词进行分析，并生成关键词共现图谱（见图 1-3），图谱共有节点 N＝220 个，连线 E＝193 条，节点代表关键词，节点半径代表关键词出现频次，连线代表关键词间的关联，网络密度 Density＝0.08。关键词节点由不同颜色组成，由内向外的颜色变化表示关键词不同时间段的研究，并且外圈的颜色越深，说明该研究越靠近最新的研究进展和前沿动态，是当前研究的前沿话题；关键词的节点标签越大，说明频次越高。除检索词之外，绿色发展、可持续发展、绿色金融、气候变化、绿色经济、绿色化学、环境规制等主题的标签较大，说明这几个主题是当前绿色发展研究的热点话题。再生能源、二

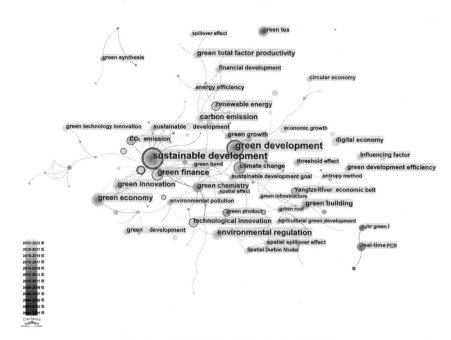

图 1-3　"绿色发展"（英文）关键词共现

氧化碳排放、绿色发展、可持续发展、绿色金融、绿色产品、科技创新、长江流域经济带等主题外圈颜色较深，说明这几个话题是当前绿色发展研究领域的前沿话题。

表1-3列举了频次排名前34的关键词，可持续发展是该领域出现频次最高的词语，达到了240，说明学术界对于可持续发展的关注度最高；除此之外，绿色发展的频次排在第二位，频次为212，也是被关注的重要话题；环境规制排在第三位，频次为82。由中心度来看，可持续发展依然最高，达到0.4，这说明可持续发展在绿色经济领域处于核心位置，与其他关键词关系密切，同时也是绿色发展领域的重要基石；绿色发展的中心度排在第二位，达到0.37；科技创新和二氧化碳排放并列排在第三位，中心度均为0.17。由研究年份可知，高频词环境规制、绿色金融、绿色全要素生产率、二氧化碳排放出现在近10年内，说明这几个主题在近几年的发展速度较快，产生了更多相关研究。

表1-3 "绿色发展"（英文）关键词信息

序号	频次	中心度	年份	关键词（英文）	关键词（中文）
1	240	0.4	2004	sustainable development	可持续发展
2	212	0.37	2010	green development	绿色发展
3	82	0.04	2018	environmental regulation	环境规制
4	81	0.11	2019	green finance	绿色金融
5	72	0.06	2010	green economy	绿色经济
6	60	0.07	2011	green innovation	绿色创新
7	50	0.09	2018	carbon emission	碳排放
8	43	0.03	2018	green total factor productivity	绿色全要素生产率
9	42	0.05	2012	green building	绿色建筑
10	36	0.17	2018	technological innovation	科技创新
11	35	0.16	2016	renewable energy	再生能源
12	34	0.09	2004	green chemistry	绿色化学
13	32	0.03	2016	green growth	绿色增长
14	30	0.15	2012	climate change	气候变化
15	29	0.17	2015	CO_2 emission	二氧化碳排放

续表

序号	频次	中心度	年份	关键词（英文）	关键词（中文）
16	29	0.01	2022	digital economy	数字经济
17	28	0.02	2020	green development efficiency	绿色发展效率
18	27	0.01	2019	financial development	金融发展
19	25	0.1	2020	Yangtze River economic belt	长江流域经济带
20	24	0	2004	green tea	绿茶
21	24	0.08	2018	sustainable development	可持续发展
22	24	0	2004	real-time PCR	实时定量 PCR
23	24	0	2020	green development	绿色发展
24	23	0.01	2016	energy efficiency	能源效率
25	23	0.01	2019	influencing factor	影响因素
26	22	0	2019	green technology innovation	绿色技术创新
27	21	0.04	2018	environmental pollution	环境污染
28	19	0	2014	green synthesis	绿色合成
29	19	0.05	2019	threshold effect	门槛效应
30	19	0	2020	circular economy	循环经济
31	19	0.07	2019	sustainable development goal	可持续发展目标
32	19	0	2020	spatial spillover effect	空间溢出效应
33	16	0	2020	Spatial Dubin Model	空间杜宾模型
34	16	0	2022	economic growth	经济增长

（2）突现词分析

本书通过 CiteSpace 软件的 Bursts 检测算法得到英文 WOS 数据库中绿色发展领域的关键词热点演化图谱，关键词突现是指短时间内该关键词的使用频率骤增，可以反映在某一时期内该领域研究趋势与变化规律，动态分析关键词的突变性能够有效了解该领域，同时也为学者在该领域的研究方向提供参考。本研究共生成了 25 个突现词，具体突现词的受关注程度和热点持续时间见表 1-4。绿色发展领域的热点持续时间是 2000～2023 年，其中，2000～2005 年是国际上绿色发展研究的起步阶段，绿色荧光蛋白是该阶段的研究热点，突现强度为 6.17，热点持续时间为 5 年。

表 1-4 "绿色发展"（英文）突现词

关键词(英文)	关键词(中文)	概念提出年份	突现强度	热点开始年份	热点结束年份
green fluorescent protein	绿色荧光蛋白	2000	6.17	2000	2005
real-time PCR	实时定量 PCR	2004	12.96	2004	2015
green tea	绿茶	2004	6.88	2004	2019
green chemistry	绿色化学	2004	5.56	2004	2017
sybr green I	sybr green I 核酸染料	2007	7.09	2007	2015
malachite green	孔雀石绿	2008	4.59	2008	2017
green roof	绿色屋顶	2008	3.97	2008	2013
sybr green	sybr green 核酸染料	2008	3.95	2008	2015
mechanical property	机械性能	2010	4.9	2010	2017
sustainable development	可持续发展	2004	4.71	2010	2013
green economy	绿色经济	2010	2.51	2010	2013
environmental management	环境管理	2013	4.4	2013	2019
green building	绿色建筑	2012	3.57	2012	2019
indocyanine green	靛青绿	2015	3.77	2015	2019
ecosystem service	生态系统服务	2014	3.31	2014	2019
real-time rt-PCR	定时定量逆转 PCR	2014	2.63	2014	2015
green infrastructure	绿色基础设施	2016	2.76	2016	2021
CO_2 emission	二氧化碳排放	2015	3.37	2018	2021
economic development	经济发展	2019	2.98	2019	2021
ecological civilization	生态文明	2020	2.65	2020	2021
data envelopment analysis	数据包络分析	2020	2.65	2020	2021
smart city	智慧城市	2020	2.65	2020	2021
green total factor productivity	绿色全要素生产率	2020	2.65	2020	2021
Yangtze River economic belt	长江流域经济带	2020	2.6	2020	2023
agricultural green development	农业绿色发展	2020	2.53	2020	2023

2006~2017 年，实时定量 PCR、绿茶、绿色化学是主要的研究热点，其中，实时定量 PCR 的突现强度较高，达到 12.96，说明在此期间，学术界对实时定量 PCR 检测系统市场分析研究的关注度比较高，而且热点持续时间比较长，持续时间为 11 年。绿色化学的突现强度为 5.56，深究时代背景，我们可以发现人类此时开始逐渐正视化学工业引发的环境污染。"可持续发展"和"绿色化学"的概念先后诞生，并迅速被全球多数国家纳入重大发展战略，由政府率领，绿色化学踏上发展之路。从理念到实现，长路漫漫，多国政府与产学研各界通力合作，逐步确立了绿色化学的 12 条原则、原子

经济性、绿色化学 5R 等原则。以此为根基，绿色技术进入萌芽期。学术界和工业界共同作为主力军，立足多个应用领域探索绿色化学技术。

2018~2023 年，绿色发展领域涌现的成果不断多元化。在此期间，热点主题主要包括绿色基础设施、二氧化碳排放、经济发展、生态文明、数据包络分析、智慧城市、绿色全要素生产率、长江流域经济带、农业绿色发展等。其中，二氧化碳排放突现强度达到 3.37，说明近些年学术界对碳排放的关注度比较高。经济发展也是该阶段比较重要的热点话题，突现强度为 2.98，体现了各个国家对经济发展的关注，并且针对把世界经济拉回稳定和缓慢发展轨道提出了不同的思考和建议。

（二）关于水资源利用效率的研究

在 CNKI 上以"水资源"为主题并含有"效率"关键词的核心文献（包括 SCI、北大核心期刊、CSSCI、CSCD）共计 1023 篇，截止日期为 2020 年 1 月 15 日。学界关于水资源利用的研究呈现 6 条脉络，分别是：①围绕生态环境分析水资源供需问题；②研究水资源配置的相关问题；③使用系统动力学分析水资源的供需平衡、系统决策优化、水资源配置仿真等问题；④以可持续利用为目标分析水资源供需问题；⑤研究某一区域、组织、城市、流域等系统的需水量问题；⑥分析水资源供需中的水资源管理问题。秦鹏等（2016）、Su Huaizhi 等（2013）分析了水环境的安全评价问题，该问题对协调水资源供需矛盾、保障水环境可持续健康发展具有重要意义。秦剑（2015）、Wu Bin 等（2015）使用不同的检测手段分析了不同流域水资源管理与供需平衡问题。张靖琳等（2018）、Mei Huaizhi 等（2010）、K. Lei 等（2012）、Wang Zhonggen 等（2014）、Zhang 等（2014）、张天宇等（2018）以水资源承载力为工具分析了不同区域、不同流域的水资源供需平衡问题，提出了"水-生态-经济"可持续发展的途径。陈亚宁等（2013；2019）、郭宏伟等（2017）、孟丽红等（2008）、杨春伟等（2001）、马琼（2008）、宁理科等（2013）、邓铭江（2016）以塔里木河流域为研究对象，指出随着经济社会发展，该流域水资源供需矛盾日益尖锐，存在生态、社会安全隐患。此外，学者们分别从生态补偿（郭宏伟等，2017）、生态安全（张青青等，2012；邓铭江，

2016)、生态健康评价（付爱红，2009）、土地利用与水资源开发（张广朋等，2016；张军峰等，2018）、资源承载力、水资源调配 SD 模型（杨春伟等，2001）、水权配置、水资源系统脆弱性评价（宁理科等，2013）等角度分析了南疆水资源可持续利用的相关问题。

1. 水资源利用效率中文发文趋势

（1）关键词共现分析

本书采用 CiteSpace 软件对水资源利用效率领域的关键词进行分析，并生成关键词共现图谱（见图 1-4），图谱共有节点 N = 129 个，连线 E = 161 条，网络密度 Density = 0.0195。关键词节点由不同颜色组成，由内向外的颜色变化表示关键词不同时间段的研究，并且外圈的颜色越深，说明该研究越靠近最新的研究进展和前沿动态，是当前研究的前沿话题；关键词的节点标签越大，说明频次越高。

如图 1-4 所示，除检索词之外，水资源、数据包络分析、用水效率、资源利用效率、利用效率、Malmquist 指数等标签比较大，说明这几个主题是水资源利用效率研究领域的热点话题。数据包络分析、水资源、利用效率、影响因素、用水效率等关键词外圈颜色较深，说明这几个话题是当前水资源利用效率研究领域的前沿话题。

表 1-5 列举了频次排名前 36 的关键词。水资源利用效率是该领域出现频次最高的词，达到 133，说明学术界对水资源利用效率的关注度最高；除此之外，水资源的频次排第二位，为 78，也是重要关注的话题；利用效率频次排第三位，为 64。

由中心度来看，水资源最高，达到 0.85，说明水资源在相关研究领域内处于核心位置，与其他关键词关系密切，同时也是水资源利用效率的重要研究基础；用水效率的中心度排第二位，达到 0.75；数据包络分析排在第三位，达到 0.53。由研究年份可知，高频词 Malmquist 指数、黄河流域、产量、影响因素、DEA 等出现在近十余年，说明这几个主题在近些年发展速度比较快，产生了更多的相关研究。《节约用水条例》已经于2024 年 2 月 23 日由国务院第 26 次常务会议通过，并于 2024 年 5 月 1 日起施行，因此，水资源相关研究仍然会有很高的热度。

19

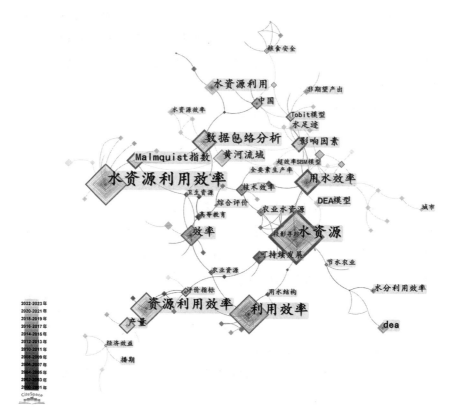

图 1-4 "水资源利用效率"（中文）关键词共现

表 1-5 "水资源利用效率"（中文）关键词信息

序号	频次	中心度	年份	关键词
1	133	0.32	2006	水资源利用效率
2	78	0.85	2000	水资源
3	64	0.29	2003	利用效率
4	59	0.29	2000	资源利用效率
5	34	0.53	2008	数据包络分析
6	29	0.75	2002	用水效率
7	26	0.39	2001	效率
8	21	0.07	2008	水资源利用
9	21	0.52	2011	Malmquist 指数
10	19	0.1	2020	黄河流域

序号	频次	中心度	年份	关键词
11	16	0	2010	DEA
12	15	0.24	2015	产量
13	14	0.46	2014	影响因素
14	12	0.07	2018	DEA 模型
15	11	0.07	2012	水足迹
16	10	0.46	2001	可持续发展
17	10	0	2004	水分利用效率
18	10	0.25	2008	中国
19	10	0.11	2007	农业水资源
20	9	0.25	2007	技术效率
21	8	0.03	2006	综合评价
22	7	0.38	2015	Tobit 模型
23	6	0	2020	播期
24	6	0	2012	全要素生产率
25	6	0.39	2007	评价指标
26	6	0.03	2014	非期望产出
27	6	0.12	2014	粮食安全
28	6	0.18	2004	节水农业
29	6	0.24	2003	用水结构
30	5	0.04	2013	投影寻踪
31	5	0.15	2020	经济效益
32	5	0	2018	城市
33	5	0	2014	水资源效率
34	5	0.32	2004	卫生资源
35	5	0.19	2004	农业资源
36	5	0.09	2001	高等教育

（2）突现词分析

本书通过 CiteSpace 软件的 Bursts 检测算法得到中国知网数据库中水资源利用效率领域的关键词热点演化图谱，即关键词突现。本书生成了水资源利用效率领域突现强度排名前 25 的关键词，分别为水资源、效率、可持续发展、高等教育、水分利用效率、农业资源、综合评价、评价指标、网络信息资源、水资源利用、DEA、数据包络分析、效率评价、投影寻踪、利用效率、非期望产出、农业水资源、粮食安全、水资源利用效率、产量、DEA 模型、黄河流域、超效率 SBM 模型、播期、Malmquist 指数，具体突现词的受关注程度和热点持续时间见表 1-6。

表 1-6　"水资源利用效率"（中文）突现词

关键词	概念提出年份	突现强度	热点开始年份	热点结束年份
水资源	2000	7.44	2000	2007
效率	2001	5.37	2001	2011
可持续发展	2001	4.01	2001	2013
高等教育	2001	3.1	2001	2007
水分利用效率	2004	3.79	2004	2011
农业资源	2004	2.37	2004	2011
综合评价	2006	2.34	2006	2007
评价指标	2007	2.14	2007	2009
网络信息资源	2008	2.51	2008	2009
水资源利用	2008	2.5	2008	2013
DEA	2010	5.22	2010	2017
数据包络分析	2008	2.08	2010	2015
效率评价	2012	2.37	2012	2013
投影寻踪	2013	2.17	2013	2017
利用效率	2003	3.31	2014	2017
非期望产出	2014	2.62	2014	2019
农业水资源	2007	2.59	2014	2017
粮食安全	2014	1.98	2014	2017
水资源利用效率	2006	4.51	2018	2019
产量	2015	3.45	2018	2023
DEA 模型	2018	3.35	2018	2023
黄河流域	2020	7.33	2020	2023
超效率 SBM 模型	2021	2.41	2021	2023
播期	2020	2.18	2020	2023
Malmquist 指数	2020	1.97	2020	2021

从突现时间视角看，"水资源"是最早出现的，开始时间为 2000 年，延伸的领域呈现多元化的状态。水资源利用效率领域的热点持续时间是

2000～2023 年。

2000～2007 年是我国水资源利用效率研究的起步阶段，2002 年国家出台《全国节水规划纲要（2001–2010 年）》《开展节水型社会建设试点工作指导意见》，《中华人民共和国水法》首次修订，因此水资源是该阶段的研究热点，突现强度为 7.44，热点持续时间为 7 年。

2001～2013 年，效率和可持续发展的突现强度分别为 5.37 和 4.01，热点持续时间也比较长，分别为 10 年和 12 年，说明在此期间，学术界对效率和可持续发展关注度比较高，2012 年《国务院关于实行最严格水资源管理制度的意见》《节水型社会建设"十二五"规划》等政策文件颁布，为了实现更高水平、更有效率的可持续发展，学者们展开了广泛的讨论。此外，水分利用效率、水资源利用和农业资源的突现强度也比较高，分别为 3.79、2.5、2.37。

2014～2023 年，利用效率、非期望产出、产量、DEA 模型是主要的研究热点，且黄河流域、水资源利用效率、产量、DEA 模型的突现强度较高，分别达到了 7.33、4.51、3.45、3.35。非期望产出和农业水资源也是该阶段比较重要的热点话题，突现强度分别为 2.62 和 2.59，说明学者们对非期望产出模型和提高农业水资源的利用效率也比较关注。上述分析结果表明，国家重大政策的发布和宣传对科研工作具有显著的引领和导向作用。

2. 水资源利用效率英文发文趋势

（1）关键词共现分析

本书采用 CiteSpace 软件对水资源利用效率领域的英文关键词进行分析，并生成关键词共现图谱（见图 1-5），图谱共有节点 N = 213 个，连线 E = 167 条，网络密度 Density = 0.0074。关键词节点由不同颜色组成，由内向外的颜色变化表示关键词不同时间段的研究，并且外圈的颜色越深，说明该研究越靠近最新的研究进展和前沿动态，是当前研究的前沿话题；关键词的节点标签越大，说明频次越高。除检索词之外，用水效率、水资源、可持续发展、能源效率、环境影响、影响因素、气候变化标签较大，说明这几个主题是当前水资源利用效率研究领域的热点话题。

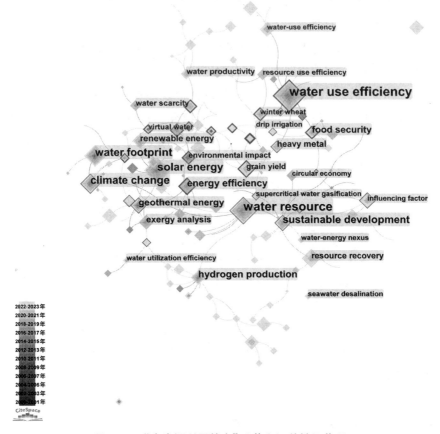

图1-5 "水资源利用效率"（英文）关键词共现

用水效率、冬小麦、水资源、可持续发展、能源效率、地热能源等关键词外圈颜色较深，说明这几个研究话题是当前水资源利用效率研究领域中的前沿话题。

表1-7列举了频次排名前30的关键词，水资源利用效率是该领域出现频次最高的词，频次达44；除此之外，水资源的频次排在第二位，频次为41；气候变化、太阳能和水足迹排在第三至五位，频次分别为25、24、23。由中心度来看，粮食产量最高，为0.37，这表明粮食产量在水资源利用效率研究领域处于核心位置，与其他关键词关系密切，同时也是

水资源利用效率问题研究的重要基础；土壤水的中心度仅次于粮食产量，排在第二位，达到了 0.36；水资源利用效率紧随其后，中心度为 0.33，说明这几个主题与其他关键词的联系都非常紧密。由研究年份可知，水资源、太阳能、能源效率、可持续发展等主题出现在近 10 年内，说明这几个主题在近年的发展速度较快，产生了更多的相关研究。

表 1-7 "水资源利用效率"（英文）关键词信息

序号	频次	中心度	年份	关键词（英文）	关键词（中文）
1	44	0.33	2006	water use efficiency	水资源利用效率
2	41	0.1	2016	water resource	水资源
3	25	0.16	2010	climate change	气候变化
4	24	0.09	2015	solar energy	太阳能
5	23	0.01	2011	water footprint	水足迹
6	21	0.19	2016	sustainable development	可持续发展
7	20	0	2010	resource utilization	资源利用率
8	17	0.25	2016	energy efficiency	能源效率
9	16	0.06	2017	hydrogen production	制氢
10	15	0.25	2012	food security	食品安全
11	14	0.18	2014	geothermal energy	地热能源
12	12	0.2	2018	heavy metal	重金属
13	12	0.03	2016	exergy analysis	热力分析
14	11	0	2016	renewable energy	可再生能源
15	10	0.07	2020	resource recovery	资源回收
16	9	0.01	2016	water scarcity	水资源短缺
17	9	0.37	2020	grain yield	粮食产量
18	9	0.26	2012	environmental impact	环境影响
19	9	0.09	2020	water productivity	产水率
20	8	0.24	2019	winter wheat	冬小麦
21	8	0.07	2018	resource use efficiency	资源利用效率
22	8	0.26	2011	virtual water	虚拟水
23	7	0.01	2018	drip irrigation	滴灌
24	7	0	2020	seawater desalination	海水淡化
25	7	0	2020	water-energy nexus	水与能源
26	7	0.18	2021	influencing factor	影响因素
27	7	0.04	2018	water-use efficiency	用水效率

续表

序号	频次	中心度	年份	关键词（英文）	关键词（中文）
28	7	0	2018	circular economy	循环经济
29	7	0.2	2016	supercritical water gasification	超临界水气化
30	6	0.36	2016	soil moisture	土壤水

（2）突现词分析

本书通过 CiteSpace 软件的 Bursts 检测算法得到英文 WOS 数据库中水资源利用效率领域的关键词热点演化图谱，即关键词突现。本书生成了水资源利用效率领域突现强度排名前 25 的关键词，具体突现词的受关注程度和热点持续时间（见表 1-8）。水资源利用效率领域的热点持续时间是 2006~2023 年。其中，2006~2015 年是水资源利用效率研究的起步阶段，水资源利用效率是该阶段的研究热点，突现强度为 4.02，热点持续时间为 9 年，说明在此期间，学术界针对不同地区、不同性质的水资源利用效率展开了广泛的探讨。

表 1-8　"水资源利用效率"（英文）突现词

关键词（英文）	关键词（中文）	概念提出年份	突现强度	热点开始年份	热点结束年份
water use efficiency	水资源利用效率	2006	4.02	2006	2015
climate change	气候变化	2010	3.94	2010	2017
water footprint	水足迹	2011	2.26	2011	2015
environmental impact	环境影响	2012	3.69	2012	2019
food security	粮食安全	2012	2.2	2012	2015
geothermal energy	地热能	2014	3.3	2014	2017
solar energy	太阳能	2015	3.22	2015	2017
energy efficiency	能源效率	2016	3.05	2016	2021
exergy analysis	热力分析	2016	2.14	2016	2019
water scarcity	水资源短缺	2016	1.6	2016	2021
resource use efficiency	资源利用效率	2018	2.11	2018	2021
life cycle assessment	生命周期评估	2017	2.04	2018	2019
hydrogen production	氢气生产	2019	2	2018	2021
water supply	供水	2018	1.74	2019	2021

续表

关键词(英文)	关键词(中文)	概念提出年份	突现强度	热点开始年份	热点结束年份
principal component analysis	主成分分析	2018	1.53	2018	2019
multi-objective optimization	多目标优化	2018	1.53	2018	2019
water resource security	水资源安全	2018	1.53	2018	2019
carbon dioxide	二氧化碳	2018	1.53	2018	2019
water resources carrying capacity	水资源承载能力	2018	1.53	2018	2019
sustainable development	可持续发展	2020	2.25	2020	2021
water productivity	水生产力	2020	1.70	2020	2021
heavy metal	重金属	2018	1.93	2020	2021
brackish water	咸水	2020	1.8	2020	2021
influencing factor	影响因素	2021	1.59	2021	2023

2016~2023 年，太阳能、能源效率、热力分析、水资源短缺、资源利用效率、影响因素等主题是主要的研究热点，其中，能源效率、水资源短缺等热点持续时间较长，热点持续时间均超过 5 年；太阳能、能源效率、可持续发展的突现强度较高，分别为 3.22、3.05、2.25，学者们围绕可再生能源以及如何实现可持续发展等主题展开了深入研究。此外，水生产率、重金属、咸水也是 2020 年以来比较重要的热点话题，突现强度分别为 1.70、1.93 和 1.8，说明学者们对健康饮水和重金属污水治理等问题也较为关注。

（三）研究综述

在绿色发展的研究中，学者们强调了对水资源的合理利用和保护。尤其是在干旱缺水的地区，水资源的保护显得尤为重要。因此，研究人员提出了一系列解决方案，如加强水资源的监管，推广节水型生产方式和生活方式，发展新型高效节水技术等。这些方案既能充分利用水资源，又可以保护生态环境、实现绿色发展。

当前国内外对水资源保护及可持续利用的研究观点呈现多元化的特征，水资源保护及可持续利用的研究存在共通之处，但又不能一概而论，每个具体的地域有其自身水环境、水资源的特征，各地具体开展水资源保护及可持续利用需要因地制宜，切实从自身实际情况出发。学者们也关注了不同地区的差异性，他们将研究重点放在了不同区域的水资源利用情况分析上，以及针对这些地区的特定问题提出可行性的解决方案。比如，在沿海地区，出现水资源缺乏的情况较少，但该地区在水资源充足的情况下，海洋污染却成为制约经济和社会发展的重要问题。因此，研究人员认为在推进沿海地区的绿色发展过程中，应当注重海洋环境保护和维护。又如，在内陆地区水资源极度匮乏的情况下，高效利用水资源、推广节水型生产方式和生活方式是当地绿色发展的重中之重。而综合国内外研究水资源保护及可持续利用的观点，鲜有关注水资源针对不同产业的利用方向，要提升水资源的利用率，关键在于水资源利用的流向，需要找准水资源与各产业使用的契合点，从而从各个产业出发制订相应的节水方案和水资源配置方案。同时，除了关注大型工业或灌溉农业等大量用水型产业之外，也需要聚焦新兴高新技术产业用水，如精密元器件的用水，以及以大数据、互联网产业为主的通过液冷、水冷实现服务器散热的情况等。在技术条件、保护利用路径完善的情况下，还应着重提升人员意识，要将着力点放在人民群众上，优化宣传手段，通过完善相关配套设施与配套政策，推动人员意识不断提高，同时也促使人们在日常生活中做到实践上的提升，全力全方位推进节水型社会建设，使得水资源浪费情况得到有效缓解，水环境污染现象实现从源头杜绝，水环境治理工作得到有效开展，水资源分配与利用实现可持续。总之，未来的水资源保护与利用研究应该结合实际情况，以全面化、跨学科化的观点积极应对水资源保护与利用面临的挑战，为保障人类和地球的可持续发展做出贡献。

　　学界关于"绿色发展""水资源利用"等方面的研究内容涉猎广泛、视野开阔、方法多样、新意频出。规范研究站位高远，学术自主性鲜明，颇具理论建树；实证研究因其强烈的问题意识而颇具现实观照和学术关怀。已有研究成果为本书研究的顺利开展提供了理论指导与方法启发，目前学界从水资源利用效率角度探索区域性绿色发展的成果较少，这是本书力图突破的地方，以塔里木河流域为研究区域，从水资源利用效率提升入手，探索该区域绿色发展的策略体系，实现该流域用水安全、生态安全与经济可持续发展。

三　研究方法与技术路线

（一）研究方法

1. 文献分析法

文献分析法用于本书研究全过程，通过书籍、报刊、媒体、网络查询搜集国内外相关文献资料，从中摘选本书所需的理论基础，学习可借鉴的相关研究成果和观点。

2. 定量分析和定性分析相结合

通过定量分析和定性分析两种方法的结合，扬长避短，取长补短，以求达到对所研究问题的全面、深入研究。绿色发展是可持续发展的一个核心概念，对其论述既有价值观上的定性描述，也需要在构建模型的基础上进行定量分析，如水资源的有偿使用需要做定量分析。

3. 实证分析法

采取部门走访、深度访谈的方式搜集研究所需的自然地理、气候水文、经济社会数据；采取问卷调查的方式，围绕环塔里木盆地县市、团场，按照等距离投放的方法，每个县市（团场）分别抽选 3~4 个社区（连队），集中调查团场职工的生计路径、家庭生产行为、交易意愿等。

4. 规范分析法

对水资源利用效率的内涵及其界定进行规范分析，在对其测算的过程中则采用实证分析。对于水资源利用效率与绿色发展的产业结构优化，需要在价值判断（规范研究）基础上进行实证分析论证。

5. 系统分析法

在绿色发展视域下分析水资源利用效率与配置问题，是水资源可持续利用的一个分析维度，涉及水资源可持续利用，还包含社会、经济、管理等其他方面因素，需要从系统论角度，使用系统动力学的方法，对各个影响因素以子系统的方式探讨其相互作用关系。在研究的整个过程中，本书对南疆水资源配置与产业结构优化、南疆兵团发展布局优化，均需要在规范研究基础上进行具体论证。

6. 个案研究法

调查研究兵团和地方在水利工程建设与水资源管理的过程中，处理"兵、地、水、事"关系的一些典型成功案例，进行总结提炼，用于构建科学有效的兵地水资源协调机制。

（二）技术路线

技术路线基本思路详见图 1-6。

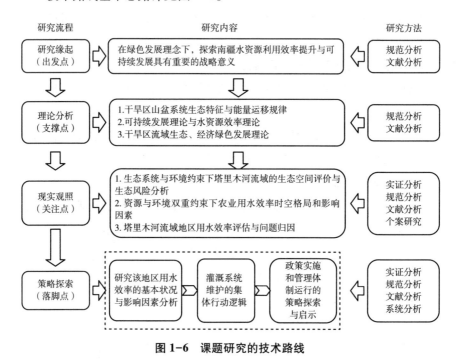

研究流程　　　　　　　研究内容　　　　　　　　　　研究方法

| 研究缘起
（出发点） | 在绿色发展理念下，探索南疆水资源利用效率提升与可持续发展具有重要的战略意义 | 规范分析
文献分析 |

| 理论分析
（支撑点） | 1.干旱区山盆系统生态特征与能量运移规律
2.可持续发展理论与水资源效率理论
3.干旱区流域生态、经济绿色发展理论 | 规范分析
文献分析 |

| 现实观照
（关注点） | 1.生态系统与环境约束下塔里木河流域的生态空间评价与生态风险分析
2.资源与环境双重约束下农业用水效率时空格局和影响因素
3.塔里木河流域地区用水效率评估与问题归因 | 实证分析
规范分析
文献分析
个案研究 |

| 策略探索
（落脚点） | 研究该地区用水效率的基本状况与影响因素分析 → 灌溉系统维护的集体行动逻辑 → 政策实施和管理体制运行的策略探索与启示 | 实证分析
规范分析
文献分析
系统分析 |

图 1-6　课题研究的技术路线

第二章　干旱区流域生态、经济绿色发展理论

一　马克思主义的生态文明思想

从马克思、恩格斯生活的时代背景来看，生态问题很少被关注和系统阐述，更没有哪一篇文献是专门探讨生态问题的，但有关生态的思想因子却散见于马克思一生各个时期的著作，恩格斯亦对生态问题提出过独到见解。从早期的《1844 年经济学哲学手稿》，到《关于林木盗窃法的辩论》，再到后期《资本论》以及恩格斯的《自然辩证法》等，到处可见马克思、恩格斯关于生态学的思想元素。马克思在《政治经济学批判》中深入剖析了资本主义生产方式对自然环境的破坏，揭示了资本主义制度下的生态危机。同时，马克思也提出了人与自然和谐共生的理念，强调人类应该尊重自然、保护自然、和谐共处。恩格斯同样也提出过独到见解：随着人类社会的发展，人类对自然环境的破坏也越来越严重，如果不加节制最终将会导致自然反噬。对马克思、恩格斯的生态文明思想进行梳理，大致可凝练为以下几个部分：自然对人的先在性；自然是人类赖以生存的前提和基础；人与自然平等和解的思想。

从辩证唯物主义和历史唯物主义的哲学角度探讨自然与人类的关系，说明人类本身是来源于自然的，人类没有理由不与自然和谐共生，承认自然先在性是人类生存发展的必然要求。马克思在其著作《1844 年经济学哲学手稿》（简称《手稿》）中提出，"人直接地是自然存在物。人作为自然存在物，而且作为有生命的自然存在物，一方面具有自然力、生命

力、是能动的自然存在物……另一方面，人作为自然的、肉体的、感性的、对象性的存在物，同动植物一样是受动的、受制约的和受限制的存在物"。① 人类社会是自然界发展的产物，是自然的子集，人类也必然是自然存在物。马克思明确肯定自然界的优先地位。他认为自然界给人类提供全部生活资料和劳动对象。"没有自然界没有感性的外部世界工人什么也不能创造。它是工人的劳动得以实现、工人的劳动在其中活动、工人的劳动从中生产出和借以生产出自己产品的材料。"② 自然界是生命活动和生产活动不可或缺的物质基础，人类从中获取物质生产资料，满足生命物质生产所需，自然界是我们赖以生存和发展的对象世界。人类必须克服人与自然物质变换的"断裂"，实现绿色低碳循环的可持续发展，要形成与发展新质生产力相适应的新型生产关系及共生关系。

人类是自然存在物，人和人类社会是自然界发展到一定历史阶段的产物。早在19世纪40年代，在《手稿》中，马克思就阐明了人与自然的辩证关系，自然界是人的无机身体，"人是自然界的一部分"，③ 马克思甚至更直截了当地讲："人在肉体上只有靠这些自然产品才能生活，不管这些产品是以食物、燃料、衣着的形式还是以住房等等的形式表现出来。"④ 由此可见，人类需要不断地从自然界获取物质资源维持自己的生命活动，甚至自然界作为"人的无机的身体"是人的生命之源。倘若离开自然界，人类便无法生存，当然更谈不上发展进步。

人类在演化进阶发展过程中必然会向自然索取维持生存的物质资料，通过劳动加工的形式再把索取的物质资料转化为直接的生存资料。在马克思和恩格斯的观点中，人类社会与自然界之间存在不可分割的依存和共生系统。这种特殊的关系决定了人类对自然界的依赖，而自然界的每一次变化都与人类的劳动实践紧密相连。人类通过劳动实践不断与自然界进行物质和能量的交换，逐渐掌握并认识自然规律，按照这些规律来改造和保护自然，这种互动关系推动着人类社会与自然界这一共生系统的存在和

---

① 马克思：《1844年经济学哲学手稿》，人民出版社，2000，第105页。
② 《马克思恩格斯文集》（第1卷），人民出版社，2009，第158页。
③ 《马克思恩格斯选集》（第1卷），人民出版社，1995，第45页。
④ 《马克思恩格斯选集》（第3卷），人民出版社，2002，第272页。

发展。人类离不开自然界的滋养与支撑，唯有依赖并合理利用自然资源，我们才能确保个体与社会的持续繁荣。自然界不仅为我们提供了必需的物质基础，更是我们精神文化的源泉。自然界是人类赖以生存的前提和基础的理论论证，进一步凸显了自然界对人类的重要性，以及我们对自然必须持尊重和保护态度的极端重要性。

从关系理性的角度出发，人类与自然的共生共存关系表明人类社会应当持有对自然环境的恰当态度。这种态度涵盖了尊重自然、敬畏自然，以及用感恩之心去拥抱自然。这种理解凸显了人类与自然之间的紧密联系和相互依赖，即一方的繁荣与另一方的福祉紧密相连，一方的损失也将对另一方造成不利影响。这种命运共同体的观念要求我们在决策和行动时充分考虑自然环境的可持续性，以实现人类社会与自然世界的和谐共生。从马克思、恩格斯等人的视角审视，人类在改造自然的实践中，必须正确认识和充分尊重自然客观规律，顺应自然即自然法则，唯其如此，人与自然的和谐共生才是可能的。恩格斯的《自然辩证法》中的"生态警告"至今仍然具有重要警示意义，在《政治经济学批判大纲》中，恩格斯还提出著名的"两个和解"思想，"我们这个世纪面临的两大变革，即人类同自然的和解以及人类本身的和解"。① 马克思谈及人与自然平等和解的思想时，认为我们统治自然界"决不像征服者统治异族人那样，决不是像站在自然界之外的人似的"。② 换而言之，人类并不是自然界以外的人，"自然-社会-人自身"本来就构成统一的有机整体。因此，马克思、恩格斯所理解的人与自然的关系并不是简单的"改造"与"被改造"的关系，两者之间是一种相互依赖、相互影响的双向关系，人和自然之间每时每刻都在物质、信息等方面进行充分而又密切的相互交换。

历史和实践均证明，我们应以理性的视角看待人与自然之间的相互依存和辩证统一关系。对自然的态度好坏，取决于我们是否深刻理解自然在人类生存与发展中的关键作用。只有在遵循自然规律的前提下，才能通过劳动实践来合理开发和利用自然资源，以满足人类的合理需求。只有当人

① 《马克思恩格斯选集》（第3卷），人民出版社，2002，第449页。
② 《马克思恩格斯选集》（第4卷），人民出版社，1995，第384页。

类作为生态实践的主体，承担起保护环境和维护生态平衡的责任，积极创新与自然和谐共生的生产方式时，才能真正实现人与自然的和谐共生。

习近平总书记站在保障中华民族永续发展的战略高度，从人与自然和谐共生的基本理念出发，以系统观、辩证观、全局观审视生态文明建设，创造性地提出生态文明思想，标志着我们党对生态文明建设规律、社会主义建设规律、人类社会发展规律的认识达到新高度。生态文明思想是新时代社会发展阶段对生态的最好诠释，马克思、恩格斯对生态问题的思考是生态文明思想的理论基础和间接经验来源。生态文明思想结合当前社会的具体实践对生态问题进行了再次思考，得出一系列与时代相符且具有深谋远虑的结论。生态文明思想为生态文明建设提供了根本遵循，为建设什么样的生态文明擘画了前景，是新时代生态文明建设的先进理念引领。

习近平生态文明思想强调人类发展活动必须尊重自然、顺应自然、保护自然，指出"自然界是人类社会产生、存在和发展的基础和前提"，[①]"人与自然是生命共同体"，从生命的本质角度论证了人与自然的一体化，是对马克思、恩格斯生态思想中人与自然辩证关系理论的创新发展，更是对人、自然与社会三者关系理论的新阐释，揭示了人类需要同自然和谐相处所需遵循的价值观。自然是个大平衡体，而人自身是个小平衡体，以小平衡体在大平衡体中生存就是平衡对平衡，既保持了小平衡体而又不破坏大平衡体，这样才是遵从自然或称为按客观规律办事，实现人与自然的和谐共处。共生（mutualism）是指两种不同生物之间形成的紧密互利关系。动物、植物、菌类以及三者中任意两者之间都存在"共生"。在共生关系中，一方为另一方提供有利于生存的帮助，同时也获得对方的帮助，两种生物相互依赖、彼此有利。在现代社会中人们也常常将"共生"一词用以形容人与自然的关系。万物各得其和以生，各得其养以成。习近平提出："要站在人与自然和谐共生的高度谋划发展，把资源环境承载力作为前提和基础，自觉把经济活动、人的行为限制在自然资源和生态环境能够

---

① 中共中央宣传部：《习近平总书记系列重要讲话读本》，学习出版社、人民出版社，2016，第230页。

承受的限度内。"① 要以为生态环境减负为发展目标持续贯彻落实"两多两少"科学生态发展理念（多保护、多发展、少污染、少消耗），注重人、自然、社会和谐共生协同发展，调节经济发展与生态环境之间的矛盾，实现人与自然和谐共生和中华民族的永续发展。

生态文明是人类社会进步的重大成果。人类经历了原始文明、农业文明、工业文明，生态文明是工业文明发展到一定阶段的产物，是实现人与自然和谐发展的新要求。历史地看，"生态兴则文明兴，生态衰则文明衰"。② 习近平生态文明思想关于"生态兴则文明兴，生态衰则文明衰"的理论充分体现了现阶段我国在社会主义生态文明现代化建设的重要目标和价值归属。面对当前生态发展现状，此论断无疑是对过去经济发展带来的环境问题的反思，同时也为以后的发展提供了重要的理论指导。"生态兴则文明兴，生态衰则文明衰"这一论断深刻揭示了生态环境与文明发展之间的紧密联系。它表明一个国家和地区的生态环境状况直接影响了其文明的发展水平和质量。首先，"生态兴则文明兴"，拥有良好生态环境的地区往往能够吸引更多的投资和人才，促进经济社会的繁荣和发展。同时，良好的生态环境还能提高人们的生活质量和幸福感，增强社会的凝聚力和稳定性。其次，"生态衰则文明衰"，如果一个地区的生态环境遭受严重破坏，不仅会导致自然资源枯竭和生态平衡失调，还会引发一系列社会经济问题。例如，环境污染和生态破坏会严重影响人们的身体健康和生活质量，导致社会不稳定和文明倒退。同时，生态环境的恶化也会破坏文化遗产和历史传统，削弱一个地区的文化软实力和竞争力。因此，"生态兴则文明兴，生态衰则文明衰"不仅是一个理论上的论断，更是生态文明实践进程中的正确指导，在推动经济社会发展的同时必须高度重视生态环境的保护和建设。只有实现经济与环境的协调发展，才能实现文明的持续繁荣和进步。通过以环境发展文明、以文明保护环境的有机良性循环模式，以资源协调人口等方式，实现经济、社会、环境、资源、人口等多种

---

① 习近平：《以美丽中国建设全面推进人与自然和谐共生的现代化》，《人民日报》2024年1月1日。

② 习近平：《论坚持人与自然和谐共生》，中央文献出版社，2022，第19页。

元素的相互协调，走出一条既能满足当代人的发展要求，又能保障下一代发展的可持续道路，以保持整个社会持续稳定健康发展。

习近平总书记关于"绿水青山就是金山银山"（简称"两山"）的理论说明绿色与发展是可以协调并行的。自党的十八大以来，生态环境在党中央高度重视与各方协同治理的良好发展环境之下呈现向好态势，但由于我国目前仍处于环境优化治理与合理发展初级阶段，各方面的发展还存在诸多不足。例如，在追求经济高速发展的过程中往往忽视环境的承载能力，导致环境状况急剧恶化，这使得经济发展与环境保护之间的矛盾日益凸显，成为亟待解决的重大问题。对于这一问题，习近平总书记深刻地指出："对人的生存来说，金山银山固然重要，但绿水青山是人民幸福生活的重要内容，是金钱不能代替的。"① 在尊重自然规律的基础之上，经济发展不应仅仅追求超高速增长，而应积极转变模式，由原先的粗放型经济逐渐转变为集约型经济。这意味着，我们必须将经济发展纳入自然环境的承载能力之内，以实现自然环境的良性循环和经济的持续发展。习近平总书记通过"绿水青山"与"金山银山"的恰当比喻，将生态环境与人类物质追求相联系，无论是脱离生态环境去创造"金山银山"，还是一味地片面追求"金山银山"而破坏生态环境，都是对人类社会发展规律的违背，势必会遭到相应的惩罚。党的二十大报告强调，必须牢固树立和践行"绿水青山就是金山银山"的理念，站在人与自然和谐共生的高度谋划发展。"绿水青山"是人类生产生活的必需品，是自然给予的财富，同时也是人类进行逐步发展的必备品，是自然给予人类的社会财富和经济财富。平衡经济发展与自然保护之间的关系，就是以贯彻落实"两山"理论为出发点，以经济与生态两条腿走路的新发展理念为落脚点，实现生态造福民众、民众保护生态的双向发展。

满足人民群众对良好生态环境的新期待，提升塔里木河流域水资源的利用率，运用生态文明方式造福沿河群众，符合习近平生态文明思想的理论与实践要求。伴随着经济社会的迅猛发展，民众对生态环境的关心与期

① 中共中央文献研究室编《习近平关于社会主义生态文明建设论述摘编》，中央文献出版社，2017，第4页。

待日渐增强，更渴望生活在一个更为洁净、优美、宜居的环境中，并期望在推动经济进步的同时实现与环境的和谐共生，找到二者之间的最佳平衡点。目前，社会主要矛盾已经转变成人民日益增长的美好生活需要和不平衡不充分发展之间的矛盾。这反映了民众的愿望已经变得更加全面和深入，不再局限于物质层面的追求。他们更加珍视和期待一个优质的生态环境。然而，当前社会的发展状况却显得不够全面和平衡，为了满足人民群众对良好生态环境的新期待，必须正视并解决生态环境问题，以生态民生观为基本遵循满足人民对美好生活的向往。习近平总书记曾讲到良好生态环境是最公平的公共产品、最普惠的民生福祉。增进人民福祉不仅仅是提高人民的生活水平，在物质财富得到一定满足的情况下，人民群众也深刻认识到他们所处的生活环境严重影响了其生活质量以及身体素质，对生态环保的追求也在日益提升。习近平总书记指出："人的命脉在田，田的命脉在水，水的命脉在山，山的命脉在土，土的命脉在林和草，这个生命共同体是人类生存发展的物质基础。"① 生态系统是一个有机整体，并非其组成部分的简单叠加，要依赖系统整体的协同作用来实现其功能。因此，在实施生态系统保护时，我们不能仅局限于单一问题的解决，而应当采取综合性和系统性的方法，全面考虑山水林田湖草沙等自然生态的各个方面，实施一体化的保护和治理策略。这样不仅能增强生态系统的循环能力，而且有助于维护生态平衡，实现可持续发展的目标。

二　干旱区山盆系统生态特征与能量运移规律

干旱区是指地表水资源非常缺乏的区域，是全球范围内较脆弱的生态系统之一，以山地-绿洲-荒漠为代表的山盆系统则是干旱区的典型地貌类型。山盆系统的独特性质，使得其具有一系列独特的生态特征。一般来讲，一个良好的生态循环系统往往需要依靠均衡的水资源分布和清晰的水源流向，然而在山盆系统中，水资源分布不均衡、流向不明显是其显著特

---

① 习近平：《高举中国特色社会主义伟大旗帜 为全面建设社会主义现代化国家而团结奋斗——在中国共产党第二十次全国代表大会上的报告》，《人民日报》2022 年 10 月 26 日。

征，这就直接导致了水源沿岸的植被难以完全释放其生存生长的活力，进一步使得生态系统的脆弱性加剧；另外，山盆系统相比于其他地貌类型拥有更为复杂的土壤层次，无论是山地、绿洲还是荒漠，其土壤的特质和生物生存适宜的环境因素各不相同，这在一定程度上增强了物质循环在生态系统中的相对封闭性。山盆系统所具备的土壤层次复杂、物质循环较为封闭等特性，不仅使得其生态系统相较于其他地貌类型更为敏感，而且是导致其生态系统脆弱的直接原因之一。这些特征相互影响和作用共同导致了山盆系统的生态系统比较脆弱，容易受到人类活动和自然因素的干扰与破坏。正是因为具有特殊的生态特征，干旱区对环境的适应性和稳定性有着更高的要求。特别是山地-绿洲-荒漠的山盆系统，各具特征的土壤性质使得生态系统的平衡难以为继，无论是面对外部过度的人类活动，还是面对自然灾害和气候变化的影响，生态系统极易出现水资源枯竭、物种灭绝、土壤退化等一系列生态灾难。这就要求人类在干旱区进行活动时，要充分认识到生态系统的脆弱性，结合生态系统的承载能力科学施策，严格管理，通过一系列行之有效的实践举措，在增强生态系统稳定性的基础上，弱化人类活动带来的消极因素。

新疆"三山夹两盆"导致了该区域山高、盆阔、极端干旱，形成了独特的"盆缘绿洲"生态经济格局。尽管新疆山区的土地相对贫瘠，植被相对稀少，自然环境相对恶劣，但在高山阻隔的作用下，内部盆地的气候呈现相对稳定的态势。同时，由于高山阻隔，封闭的山盆水汽循环导致区域降水差异很大，蒸发量是降水量的十几倍到几十倍。水通过地表、水面、植被叶面等渠道蒸发形成大气水，大部分通过大气运移降至山地，遇高山冷气流形成山上积雪和冰川，而其中的盐分则滞留在原地，这些盐分一方面使土地的贫瘠程度进一步加剧，形成阻碍植被生长、打破生态平衡的恶性循环；另一方面在客观上对人类活动产生影响，为居民生活带来水资源匮乏的现实挑战。山地的冰川消融形成径流不等的季节性河流，流经山区、冲积扇平原，最终消失在荒漠或盆底湖泊。在运移过程中，大部分地表水经河床渗漏变成地下水，形成丰富的地下水资源。这些地下水滋润植物，也可供人畜饮用，给沙漠带来生机，地下水库也就成为绿洲除雪山冰川外的第二水源。在新疆，数百条内陆河源自山区，流经平原，最终消失在沙漠或注入盆地水库。这些河流塑造了大小不一、流域分割的天然和人工绿洲。绿洲的地下水位适中，使得植被茂盛，灌溉水源充足，并且排水性良好。尽管蒸发量很大，但是通过上灌下排，盐碱物质被输送到下游的扇缘带，因此绿洲受到的盐碱侵蚀较轻，形成了人工农田生态景观（王让会等，2001）。

　　绿洲的生存与发展离不开水。绿洲通常分布在河流、井和泉附近，以及有冰雪融水灌溉的山麓地带，这些地方具有便利的灌溉条件和肥沃的土壤，因此往往成为干旱地区农牧业发达的地方。绿洲生态经济系统是叠加在山盆系统特定区位上的人工景观，它的存在和扩展取决于水资源。古老的绿洲主要建在冲积扇平原的中上部，这些地方地表易于排水，地质通透性良好，地下水位适中且水质纯净，可以持续存在较长时间而不衰退。新绿洲通常建在冲积扇上部，但由于戈壁的土质不适合耕种、地下水位下降和地表水不足，这些地方经常被废弃而荒漠化。位于"盆底"的绿洲则受到水源限制，或者受到严重的风沙侵蚀，因此不太稳定。例如，新疆的楼兰、罗布泊等绿洲已经消失。绿洲中的水分蒸发量远远超过了降水量，导致土壤次生盐渍化，塑造了绿洲固有的地球化学生态。人类活动排放到绿洲环境中的废物量超过了绿洲生态系统的处理能力，破坏了绿洲的生态平衡，加剧了绿洲的生态危机（王让会等，2001）。在此背景下，如何使绿洲得到有效保护和实现可持续发展，成为我们必须面对的重大课题。一方面，要以开源节流为着力点，探索建设更加高效的再生水源循环系统的实践路径。通过建设雨水收集和储存设施，提升在干旱季节水分供给的能力；通过引进并应用先进的灌溉技术，提高水资源的利用效率，在提高农作物产量的同时，实现节流的目的。另一方面，要根据绿洲土壤的特殊性质和需要，制定并遵循合理的耕作制度和土壤改良措施，以改善土壤结构、提高土壤肥力为具体手段，达到增强绿洲生态稳定性的目标。同时，也要做好防范土壤次生盐渍化的必要准备，把科学的灌溉管理和土壤排水相结合，确保盐分积累得到有效化解。在确保上述举措取得成果的基础之上，还需要注重人类活动带来的影响。不仅要大力推广清洁能源，减少废物排放，提高资源利用效率，还要建立完善环境监测和评估机制，使得环境问题可以得到及时发现和解决，确保绿洲的可持续发展。

　　绿洲存在于荒漠中，必然受到荒漠的影响。绿洲在广阔的荒漠地区中，以较小范围内具有相当规模的生物群落为基础，能够相对稳定地存在，同时也具有明显的小气候效应。具有相当规模的生物群落可以确保绿洲在空间和时间上的稳定性，并具有系统性的结构；而小气候效应则使绿洲能够提供适宜的气候环境，有利于人类和其他生物种群生活，并促进生态系统的健康发展。绿洲的经济系统由于地理和交通因素的限制，被分割成了许多"绿岛"，孤立性强，这使得绿洲与外部经济环境之间的物流、价值流和信息流不便。然而，绿洲与荒漠环境之间的物质和能量交换又显示了绿洲的开放性，冷湿气流从绿洲流向荒漠，而干热气流则从荒漠流向绿洲，来自绿洲的湿润气流也参与了荒漠的水文活动。但绿洲作为荒漠中的"斑块"，始终要受到荒漠环境的干扰和控制。干旱缺水、风沙侵蚀、荒漠化和盐碱化是绿洲面临的主要困境与危机。绿洲的生态与经济过程密不可分，系统的可持续发展必须以生态安全性为前提，并以经济效益为目标。然而，盲目追求经济目标而忽视生态安全将导致不可持续发展。绿洲外部面临的生态劣化与内部进行的生态优化之间的"博弈"是绿洲生态演替的基本特征。我们要看到绿洲和荒漠是相互依存、相互斗争的矛盾共同体，生态安全和经济效益亦是如此，既要辩证地看待两者的关系，也要探寻两者共存的可靠途径。在统筹协调生态安全和经济活动的过程中，不能简单地对经济活动对生态安全造成的消极影响持否定态度，经济活动所带来的经济效益，既能为绿洲的持续存在提供资金保障，也能在一定程度上为生态环境的恶化提供补救的措施和可能。同时，也要坚持生态优先的正确导向，绝不能因经济开发的需要而以过度牺牲环境为代价，最终酿成无法挽救的灾难性后果。

　　目前大部分绿洲是人工生态系统，主要受人类控制，但它只是次生生态系统，在各种生态因素的影响下，这些系统始终存在走向自然生态，即盐碱化和荒漠化的倾向。为了维护人工生态系统的正常运行，人类需要投入大量的人力和物力。因此，绿洲人工生态系统是一种高消耗的系统，只有在高效益和高产出的情况下，该系统才能成为一种有效的系统。在人类精心维护下，绿洲人工生态系统内部的生态趋向得到优化，具有较强的生态稳定性。随着人口的增加，生产和生活用水的需求大幅增加，地表截流和地下提水等人为过程改变了自然水盐移移的规律，导致绿洲的空间扩展到了戈壁荒漠。农田生态系统不合理或无节制地使用水资源，将地表水（包括洪水）完全截流，过度的耗水导致原本应该排入荒漠和盆底湖泊的盐分大部分沉积在绿洲中，加速了绿洲自然盐渍化和荒漠化的过程（曹永香等，2022）。同时要看到，绿洲总是存在于干旱或半干旱的环境条件之下，人工生态系统的目的除了满足农业生产和人类活动的基本需要，还承担着维持生态平衡的功能作用。这样一来，仅仅依靠地表截流和地下提水，远远无法满足人工生态系统发挥完全效能的现实需要，如果不能找到可行的水源引入手段，绿洲生态系统就会随时面临崩溃的风险。另外，绿洲往往位于土壤湿度和植被覆盖率较高的低洼地带或河谷地区。相对稳定优越的地理环境吸引了更多生物在此聚居繁衍，人工生态系统的介入必然会在一定程度上破坏原有的生态格局，最终导致生物多样性的丧失和生态系统功能的退化。最后，绿洲多处在山地或高原地带等地形复杂的地区，地形的起伏和山川的交错使得发生自然灾害的风险大大提高，为发挥绿洲人工生态系统的调节实效和增强生态环境的稳定性，迫切需要采取更加科学合理的管理措施。

三 绿洲生态危机日益加重

山地-绿洲-荒漠山盆系统的形成、资源的利用开发、生态环境建设与农业的可持续发展密切相关，这一全球性的问题已引起国际社会的普遍关注和高度重视，也是我国西部大开发和绿洲可持续发展要解决的首要问题。新疆辖区面积约166万平方千米，人工绿洲仅7万平方千米，只占新疆总面积的4.2%，但它却承载着新疆95%以上的人口，聚集着90%以上的社会财富。绿洲是新疆人赖以生存和发展的物质载体和地理空间，但近年来，随着气候变化和人类活动加剧，绿洲生态系统遭受了严重破坏，其面临的生态危机日渐暴露，土地荒漠化、沙化、次生盐渍化状况不容乐观，严重制约社会经济的发展。绿洲生态系统所承载的压力日益增加，生态危机及可持续发展问题十分突出（付奇等，2016；贾苏尔·阿布拉等，2021）。

气候变化对绿洲生态系统造成了严重影响。气候变化是当今全球面临的严重环境挑战之一，特别是对位于干旱或半干旱地区的绿洲生态系统来说，其影响更加显著和严重。随着全球气温的持续上升，绿洲地区的降雨量不断减少，这导致绿洲中植被覆盖率下降和荒漠化程度加剧。同时，气候变化也对绿洲中的动物种群造成了直接或间接的影响，例如鸟类和哺乳动物等野生动物数量减少或迁移。另外，气候变化也会导致绿洲中的土壤盐碱化现象加剧，由于干旱和高温的影响，土壤水分蒸发速度加快，导致土壤中的盐分浓度不断升高，这进一步威胁了绿洲中植物的生存和繁衍。

人类活动也成了绿洲生态系统面临的另一大挑战。随着人口不断聚集，绿洲的范围不断扩大，人类生产和生活用水量呈倍增趋势，绿洲中的植被退化和土地沙漠化现象也日益严重。人类活动导致了水资源的过度开采和污染，使得绿洲内部的湖泊、河流和地下水资源逐渐枯竭，农田生态系统不合理或无节制地用水，将地表水截留，荒漠植被大量消失，生物多样性受损。过度的开荒和大规模的灌溉使得绿洲中的地下水资源面临着极大的压力，同时也加剧了土壤盐碱化和荒漠化等问题。

水是自然生态及绿洲农业的生命之源，新疆的水利资源比较丰富，但由于不合理开发和利用，水资源浪费严重，水盐运移至绿洲沉积，绿洲浅层地下水质咸化，土地次生盐渍化严重。农业用水灌溉方式粗放，1/3的耕地不同程度地受到盐碱危害。土地沙漠化严重，沙漠正在逐渐侵蚀着绿洲，人工绿洲的稳定性变差。新疆的"棉花经济"尽管带来了巨大的经济效益，但由于产业结构单一，生物能量转化和增值率较低，导致作物病虫害增加，土壤肥力受到削弱，农业物化投入增加，产品成本居高不下，属于典型的高投入、高产出、低效益模式。

化学污染和工业废物无节制地排放，导致绿洲生态系统中的问题不断累积，环境污染日益加剧。这些问题包括化学污染、土壤沙化和次生盐渍化，不仅对绿洲农业的可持续发展产生不利影响，而且直接限制了当前生产的效益。例如，挖渠在排放碱性物质的同时，也带走了大量的土壤肥力；农药的使用不仅杀死了害虫，也杀死了益虫，而且病虫对农药产生抗药性，导致农药的使用量和强度不断增加，农药残留对食品安全造成不良影响。

同时，在城市化过程中，大量土地利用方式的变化破坏了地表土壤，使土壤结构松散，导致其渗透水的能力减弱，地下水资源的补给量减少，从而导致当地植被生长减缓，生态系统的稳定性遭到削弱。这些因素综合作用，将进一步威胁绿洲生态系统的稳定性和可持续性。

可以看出，解决绿洲生态危机的关键在于水。干旱区水资源具有稀缺性和有限性，人类不可持续地开发利用绿洲中的水资源，引发了绿洲生态系统中水土流失、沙漠化和生态系统崩溃等一系列生态危机。因此，保护和合理利用水资源是解决绿洲生态危机的关键，也是解决绿洲生态危机的必由之路。

四 可持续发展理论与水资源效率理论

（一）可持续发展理论

可持续发展是以人为本，以生态环境和资源保护为前提，以社会经济的发展为手段，以谋求代内和代际共同繁荣与持续发展为目标的发展模式。水资源可持续开发利用关乎社会、经济、人口、资源和环境等各方面的发展，它们之间具有密切的关系。可持续发展理论可追溯到战国时期，并非现代才创造应用的发展观念，早在孟子推行"仁政"时期就已经出现，尤其是在农作物的耕作等方面已经体现了中国古人对自然规律的准确把握。选自《孟子·梁惠王上》的章节《寡人之于国也》载："不违农时，谷不可胜食也；数罟不入洿池，鱼鳖不可胜食也；斧斤以时入山林，材木不可胜用也。谷与鱼鳖不可胜食，材木不可胜用，是使民养生丧死无憾也。"儒家"仁政"思想中的可持续发展理念告诉世人，立足长远视角实现可持续发展，需要整个生态系统持续良好运行，这是人类文明得以发展进步的前提保障。新时代完整准确全面贯彻新发展理念，坚持"节水优先、空间均衡、系统治理、两手发力"的治水方针，树立系统观念，坚持流域区域科学统筹、开源节流并重、短期长期兼顾，推动流域水安全有效保障、水资源高效利用、水生态明显改善。要坚持山水林田湖草沙系统治理，保障河湖生态流量，加快河湖生态修复和综合治理，推进防沙治沙，发展生态产业，实现生态效益和经济社会效益相统一，更好地管理保护和绿色利用塔里木河流域水资源。

理论层面分析阐述可持续发展的内涵有三个维度：一是从时间维度上看，实现自然资源在代际的公平分配；二是从空间维度上看，实现自然资源在不同区域之间以及区域内不同群体之间的公平分配；三是从需求维度上看，需要满足人们物质需求与精神需求。Pezzey（1992）从人类福祉出发分析了经济可持续发展的代际公平问题：相比于当代人中的典型个体，全部后代中的典型（平均意义上的）个体能够获得更高福祉，或者实现至少相同的福祉水平，即可持续性意味着全部后代的典型个体不会发生效用水平的下降。新古典经济学认为人类福祉的分配和享用具有无差异性，即支撑人类高质量生活的各类资本，包括人造资本（制造资本、人力资本、社会资本）和自然资本具有相互替代性，从总体上保持这些资本的动态平衡即可实现代际公平，这是弱可持续发展理念秉持的理论要义（张晓玲，2018）。弱可持续发展理念把自然资源看成实现人类效用最大化的一种资源，这种资源可以通过多种途径实现替代，譬如通过技术的进步，人造资本可以替代自然资本，所以自然资源稀缺不会阻碍经济的发展，只要保持资本存量的总值不下降，就能够实现代际公平（Williams，et al.，2004）。弱可持续发展视域中的可替代性借鉴了经济学关于产品生产和消费过程中的等产量曲线和无差异曲线，如图 2-1 所示，W^R 代表弱可持续发展范式下的社会福利线，在这条曲线上，社会总体福利可以通过不同的自然资本与人造资本组合获得，且自然资本与人造资本具有可替代性，两者总和保持不变即可实现弱可持续发展，衡量代际公平的标准是自然资本与人造资本的价值总和在代际传递过程中不发生减少（Neumayer，2010）。所以弱可持续发展秉持不降低资本存量（自然资本加人造资本）的总价值的理念。总资本中的每一个组分的价值都可以降低，只要其他组分的增加价值（一般通过投资）足以使总价值未发生变化即可。

与新古典经济学家主张不同，生态主义经济学家们主张的强可持续发展理念与专注于社会总体福祉不变不同，强调自然资本价值的不可替代性，在弱可持续发展理念基础上增加了对生态极限的思考，强调对自然资本的使用不能超过其再生能力（任嘉敏等，2020）。Rogers 等（1996）、樊越（2022）主张面对愈演愈烈的生态危机，强可持续发展理念应当借鉴生态中心主义的基本准则，追求人类内部以及与其他物种的生态正义。基于生态正义理念的生态主义者在分析自然生态系统与社会经济系统相互作用关系时，强调自然生态系统在复杂人类经济社会系统中的基础地位，主张自然界是经济社会系统运行的支撑系统。生态系统一旦发生突然或急剧的灾难性问题，自然界原有的生态平衡将会被打破，产生破坏性，这种破坏性会损坏建立在原有平衡基础上人类福祉赖以存在的基础条件（孟庆民等，2001）。生态经济学家们是技术悲观主义信奉者，认为持续的生态恶化不可能通过技术创新得到解决，反而可能导致大的、不可预测的生态问题或者灾难，因此保持必要的生态资本存量是避免灾难发生的关键（Zhao，et al.，2021）。如图 2-1 所示，W^Q 是强可持续发展范式下的社会福利线，在这条折线上，自然资本受到生态阈值限制，不能超过一定的限度，存在一个最大值即垂直于自然资本效用轴的线，与这条线垂直的是一条能与其最优结合的人造资本值线，即与人造资本效用轴垂直的线，两条线的交点即自然资本约束下的最大社会福利产出量。W^Q 展示了强可持续发展理念下自然资本存量在代际的传递原则，为了可持续发展需要坚持底线思维，维持自然资本存量不变（或者增加）。这种底线思维应坚持基本的生态安全标准，为实现生态安全标准，仅仅依靠价格机制和市场手段是远远不够的，需要协调社会力量和政府的行政手段来发挥关键作用（汤姆·蒂坦伯格等，2016）。

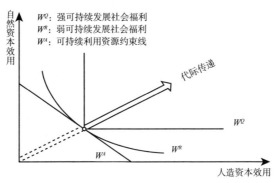

图 2-1　强可持续发展理念下人造资本和自然资本的等产量线和无差异曲线

1. 强弱可持续发展理念的基本主张

强可持续发展理念坚持自然资源（至少是关键性的自然资源）的不可替代性，在这一点上与弱可持续发展理念产生了分歧，两者之间的分歧见表2-1。可以看出，在研究范式上，弱可持续发展理念没有突出自然资本的独特作用，认为技术在经济运行中发挥着基础性作用，可以在不降低代内与代际总体环境福利的前提下，通过技术的持续创新，完成当期环境福利平衡、公平分配以及代际总资本价值的动态均衡，需要指出的是，这里的环境福利是指自然资本和人造资本共同作用对人类产生的总体价值。强可持续发展理念在思考生态与经济相互作用时，看到技术发展在生态系统与经济系统发展过程中发挥的不同作用：一方面，技术创新对人造资本具有巨大的推动作用，能够有力提升人造资本价值；另一方面，技术发展提升人类使用自然资本的效率，但实际生活中由于长期忽视对自然资本补偿而带来一系列生态问题，从全球视角看在相当范围内造成了生态灾难的发生。基于此，强可持续发展理念坚持自然资本的不可替代性与唯一性，保持自然资本基本持有量在代际的传递，通过保持跨期环境福利效用值不变或者增加，实现环境公平与代际公平（钟水映等，2017；王红帅等，2021）。

表2-1 强可持续发展理念与弱可持续发展理念在研究框架上的对比

理念	学科范畴	范式分析					对待技术的态度
		主张	环境公平	代际公平	使用的标准	研究范式	
弱可持续发展	新古典经济学	自然资本与人造资本具有互补性与替代性	当期环境福利均衡与公平分配	代际总资本价值动态均衡	哈特维克准则	可替代的发展范式	技术乐观主义
强可持续发展	生态经济学	自然资本不可替代性与唯一性	跨期环境福利的效用最大化	自然资本代际保有量不变（或增加）	预防性原则，将不确定性、不可逆性、唯一性考虑进去	不可替代的发展范式	技术悲观主义

资料来源：Pearce D. W., Atkinson G. D., "Capital Theory and the Measurement of Sustainable Development: An Indicator of 'Weak' Sustainability", *Ecological Economics*, Vol. 8, No. 2 (1993).

2. "两山"理论对强可持续发展内涵的提升

习近平关于"绿水青山就是金山银山"的系列论述为新时代中国生态文明建设指明了方向和根本遵循。"两山"理论是习近平生态文明思想的理论内核和科学论断。2013年9月7日，习近平在哈萨克斯坦纳扎尔巴耶夫大学发表演讲，提出了"我们既要绿水青山，也要金山银山。宁要绿水青山，不要金山银山，而且绿水青山就是金山银山"的著名论断。绿水青山是自然资本范畴，金山银山是人造资本范畴，"两山"理论既有所侧重又有机统一，构成了辩证统一关系，既看到了自然资本与人造资本相互协调演进的一面，也看到了人造资本对自然资本存在潜在或者现实的威胁的一面，强调自然资本的主导地位。当两者相互兼容、协调发展时，可以兼而有之，既要自然资本也要人造资本；当两者冲突时，即自然资本和人造资本不可兼容，人造资本的实现需要以牺牲自然资本为代价时，宁愿不要人造资本也要选择自然资本，保存自然资本的代内和代际存量。因为自然资本事关人类的长远发展，是更根本更全局性的存在。从最后一句话可以看出，自然资本是人造资本产生的基础，本身具有巨大价值，从人类长远发展来看，保持自然资本的代际存量就是保存了代际传递的财富，在这里自然生态系统不仅是一种资源、一种资本或者一种生产资料，更是一种人类赖以生存发展的生态资产，强调了"绿水青山"的自然资本的生产要素转化成"金山银山"资产的现实可能性。

图2-2展示了基于"两山"理论的强可持续发展理念。在"两山"理论下，强可持续发展理念得到进一步提升，图中"两山"理论在强调生态阈值的基础上，肯定了"强""弱"可持续发展的各自合理内核，并对两种发展类型进行区分，区分点就是图中的临界点。临界点左边是以关键性自然资本为主的生态空间，右边是以非关键性自然资本为主的生态空间，这里的关键性自然资本是指生态脆弱、极易突破环境容量或生态阈值的自然资本。对这部分自然资本的使用要坚持强可持续发展理念，一旦超过临界点就会产生不经济增长，所以要秉持宁要绿水青山不要金山银山的发展策略。对于环境承载力较高的非关键性自然资本，可以秉持弱可持续发展理念，发挥科技创新能力，提升自然资本使用效率，在合理的自然资本消耗量中提高社会福利产出。所以，秉持既要绿水青山也要金山银山的

发展策略，两种发展理念合力发挥各自优势，最终实现绿水青山就是金山银山的目标。"两山"理论既坚持了强可持续发展理念关于自然资本保有量不能减少的底线思维，也吸收了弱可持续发展理念关于自然资本与人造资本在一定机制下具有等价值性的转化思维，并在此基础上，提出人类行为抉择的价值判断依据，为新时代生态文明建设提供了原则遵循，也为生态空间的识别与规划提供了研判标准。

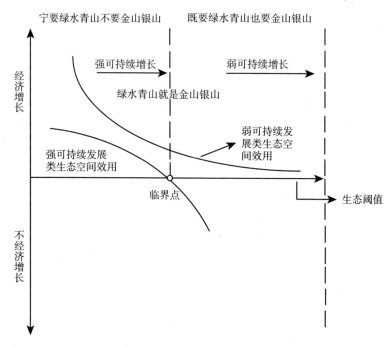

图2-2 基于"两山"理论的强可持续发展理念

（二）水资源利用效率理论

水资源是生态环境重要的构成要素，是生态系统结构与功能发挥不可或缺的组成部分，水资源还是一国或地区经济社会发展的物质基础，它们有机结合在一起，就构成了水资源生态-经济复合系统。生态经济学的基本规律和理论构成了水资源利用效率的理论基础，水资源利用效率理论就是以水资源生态经济系统理论为指导，探索水资源系统可持续发展的理论。

1. 水资源利用效率的内涵

联合国教科文组织在 1977 年便对水资源给出了明确的界定。刘昌明（2002）在研究中提到，水资源指的是那些在人类生产与生活中可以被实际利用的天然水源。广义上的水资源涵盖了所有可以被人类利用的天然水源，而狭义上的水资源则主要指那些已经被人类开发利用并应用于生产与生活的水源。本书所探讨的水资源主要指的是在生产与生活中被利用的水资源，包括工业用水、农业用水以及生活用水等。效率在经济学中属于一个多面概念。Lovell（1993）指出，配置效率亦称帕累托效率，是指在特定的投入范围内实现投入与产出组合最优化的能力。而技术效率则是指在给定投入要素的条件下，如何最大化收益，或在保持总产出稳定时如何最小化使用投入要素，从而实现对资源的最佳利用。

水资源利用效率概念的讨论是在 1988 年第六届世界水资源大会上开启的，此后，国内外学者对水资源利用效率的界定进行了大量有益的探索和尝试，并取得了丰硕的研究成果。水资源作为人类生产生活所必需的自然资源，在追求可持续发展的今天已经成为各国学者的研究热点。针对水资源利用效率，学者给出了不同的定义，但对水资源利用效率的技术效率和配置效率的本质属性理论观点一致。水资源利用效率已经成为可持续发展理论与实践中重要的组成部分，虽然可持续发展的概念在科学界尚未达成普遍接受的共识，但对具体研究领域而言，可持续发展的内涵更具有实践性，同时也更易将理论与实际相结合，不仅要满足当代人用水的需求，还要为后代人创造继续利用水资源的条件。由此可见，水资源利用效率概念倡导一种新的水资源利用模式，异于传统水资源的利用，是可持续的水资源开发、利用、保护和管理的总称。目前，国内外学者对水资源利用效率进行了大量研究，但是没有形成明确、统一的水资源利用效率概念，目前的研究成果主要如下。

（1）水资源利用效率是以生态经济学原理、系统科学综合方法等相关理论为基础，保持人口、环境、资源与经济的协调发展，以满足代内和代际持续用水需求的一种综合开发利用、管理保护和节约水资源的新发展模式。

（2）水资源利用效率是以保持经济社会可持续发展或与以前的发展

速度一致为前提条件，满足不超过水资源再生能力的水资源开发利用的模式，它以保持水资源消耗量不增加为前提条件，不断提高水资源的使用效益，从而实现经济、社会与生态环境协调发展。

（3）要充分利用科技进步与创新和发挥市场配置资源的基础性功能，以保护生态环境为前提条件，达到水资源高效合理配置，最大化水资源的开发使用效率，在满足当代人用水需求的同时，调节水资源开发速率进而不对下一代人的用水需求构成危害。

（4）水资源利用效率是在区域水资源承载能力范围内，以水资源的合理配置和高效利用为手段，区域水资源能满足当代人对社会、经济和生态环境发展的用水需求且后代人用水需求也不应受到危害的水资源利用方式。

（5）采取措施加强水资源的管理与开发利用，以达到社会、经济的可持续发展。既要考虑尽早尽快实现水资源的综合利用，从根本上治理水患，以清洁能源代替污染较严重的化石能源，也要考虑加强综合保护和管理水资源，还要考虑给后代留下能满足其生存发展的水资源。

（6）必须从长期考虑水资源开发利用，实施水资源开发利用后，在不引起不能接受的社会、环境问题前提下，要显著提高效益。从用水量方面说，持续利用是指水资源的利用不能多于、快于自然水循环所能补充的数量和速度；从水质方面讲，在满足用户要求的前提下，要根据水资源的水质情况合理利用，否则水资源短缺的问题将会更突出。

（7）以保持水资源的持续性和生态系统的完整性为前提，以区域社会、经济、环境协调发展为手段，实现区域水资源的合理开发利用与管理。

（8）在可靠的水文分析和适当的科学技术手段基础上，以含水层的保护为出发点，保护足够数量、质量的水资源，保持与河流、湖泊、湿地、泉水以及地下水等关系密切的生态系统的完整性。

根据上述几方面的研究内容可知，水资源利用效率是在研究区域水资源一般演变规律的基础上，使区域水资源利用朝着可持续的方向发展，最终实现水资源的永续利用和社会、经济及生态环境的健康发展。另外，从可持续发展理论可以看出，水资源利用效率不仅仅强调的是水资源的利用，社会经济发展的可持续性才是重点。水资源利用效率在实现社会发展的同时，关键是要解决人口、资源和环境等一系列问题。因此，水资源的开发利用必须考虑长远效益，不仅要效益显著，而且不能引发较严重的社会和环境问题。从水资源量的方面来看，水资源利用效率必须保证各类用水不能超过自然界水文循环所能补充的数量和速率；从水资源质的方面来看，必须满足各类用水主体对水质的需求（包括生活、生产和生态）。

2. 水资源利用效率（管理）的内涵

水资源利用效率的两个核心因素是水资源的开发利用和水环境的保护。不论开发利用还是水环境保护，都离不开人类对水资源的管理，因此水资源利用效率中还贯穿了水资源利用效率管理。水资源开发管理是指取得水权的部门或单位对其开发利用水资源的各项事业所实施的管理。水资源利用效率管理的主要目的是满足社会与经济、生态与生产持续发展的迫切需要，在实施水资源利用效率开发管理的过程中，必须全面考量水资源的数量和质量以及相关的保护措施。同时，水资源规划、调度和监管也是至关重要的环节，它们共同确保水资源的合理分配、高效利用和有效保护，推动水资源的可持续利用和长远永续发展。

由于水资源的问题日益突出，在 20 世纪 80 年代，水资源综合管理得以产生和发展。水资源管理出现了一个热门话题——IWRM（一体化水资源管理），IWRM 强调生态系统的一个必备部分是水资源，还强调水资源不仅是一种自然资源，还是一种社会经济商品，其利用特性、自身数量和质量决定 IWRM 的总目标是满足各区域可持续发展所需要的淡水资源。IWRM 是一种促进水、土地和其他相关资源协调发展的管理方法，其目标就是采用公平且不危及生态系统可持续性的方法，取得最大的经济效益和社会效益。1996 年，联合国教科文组织（UNESCO）国际水文计划工作组重新对"水资源利用效率管理"进行了定义：维持从现在到未来经济、环境和社会福利，而不损害水资源可持续性赖以存在的水文循环或生态系统的水资源管理与使用。

水资源利用效率管理是一个多维度且复杂而重要的议题。它的核心目标是在长期内提高全社会的稳定性和财富，不仅局限于经济方面，更涉及生态、环境和社会等多个方面。为实现这一目标，必须消除所有对资源与环境有害的影响，确保当前塔里木河流域水资源既能满足当代人的需求，又不损害后代人满足其需求的能力。当代人的需要、后代人的需要、系统承载能力的支撑以及系统完整性的维持，是持续性所包含的四个要素。持续性主要指维持或提高每代人福利水平的能力，主要通过消费水平、生态环境质量和人类生活质量来衡量每代人的福利水平。在水资源管理实践中，持续性等同于维持足够数量和质量的水资源，去满足生态系统和当前人类用水需求，同时还能够支撑未来人类的需求。

可持续利用水资源管理的目标、影响及政策：可持续利用水资源管理的目标是长期内提高全社会的稳定性和财富，消除所有对资源与环境有害的影响。可持续发展涉及后代人，长期预测又很难实现，但对目前决策对后代人影响的评价还是很有必要的。采取综合、有效的方法处理经济发展、人口与环境问题，在水资源管理中不仅需要新的科技方法，还需要新的政策、制度。水资源总体规划的核心部分是水资源评价，它也是水资源可持续管理的一项基本内容。

（三）绿洲生态-经济系统绿色发展的有益探索

从马克思主义生态观的视角剖析绿洲生态-经济系统绿色发展的路径，必须充分认识马克思主义生态观所肩负的理论使命，厘清自然伦理关系与资本主义生产方式的内在联系。马克思主义生态观并不完全趋同于自然伦理关系与资本主义生产方式的互相剥离，而是以一种辩证的方式将两者有机结合，把资本主义制度下的异化视为当前一切生态灾难发生的根本原因，其核心在于人类在进行生产力发展的过程中缺乏生态伦理道德的考量，以至于无论人还是自然都无法挣脱资本逻辑的支配。马克思主义生态观对资本逻辑主导下的机器化大生产始终持有明确的批判立场，认为资本主义私有制和生产方式一旦得不到根本上的革命或者说被消灭，人与自然就不可能真正意义上实现和解。换言之，只有在资本逻辑的弊端得到完全消除的时候，绿洲生态-经济系统绿色发展的格局才能真正建立。

马克思主义生态观在批判资本主义生产方式的同时，也为绿洲生态-经济系统的绿色发展提供了理论启示和经验借鉴。一方面，绝不能顺应生态中心主义的错误导向，要清楚地看到生态中心主义的伪善本质。生态中心主义企图以"拟人化"的手段赋予自然人格表现，将道德伦理这一人类社会所独有的特征滥用至整个自然界，以达到支配价值认知和实践路径的目的。在这一认知当中，自然拥有独立于人的创造性价值，人不过是依附于自然而进行个体发展的产物，所以自然与人发生对立的时候，人的需要往往置于自然的需要之后。从某种意义上来讲，这种提倡自然优先的理念可以警示人类活动要考虑到自然的存在，要以绝对的生态原则约束人的行为。尽管生态中心主义能够在一定程度上彰显其存在的现实作用，但更多的是片面地将生态灾难的发生与人类活动高度绑定在一起，狭隘地认为生态文明就是"自在自然"，即完全不存在人类活动的绝对荒野状态。在"自在自然"的领域中，一旦存在人类活动，就会产生人与自然的对立，为人类社会的整体发展戴上"生态枷锁"。这样看来，生态中心主义对自然优先的片面理解并未真正探寻到生态问题与人类文明的内在联系，不过是披着伪善外衣的反人道主义的外在表现。另一方面，马克思主义生态观在批判生态中心主义的同时，也对人类中心主义进行了解构。人类中心主义的起源最早可以追溯到德国古典哲学，是以唯心主义自然观为主导的认知体系。在这一体系中，人是世间万物的绝对主导者，拥有衡量一切事物价值的权力，自然不过仅仅是为人类活动提供物质需要的简单存在，人可以根据自身所需无节制地向自然进行索取和改造自然，这就导致了人总是高估自身对抗自然的能力，不能对人依存于自然、发展于自然的关系做出准确定位。尽管在过度改造自然的过程中会出现生态危机的伴生现象，但人类为了自身利益的需要，仍旧幻想着在今后可以依靠科技的进步对自然做出有效的补救。明显可以看出，人类中心主义把人与自然进行了剥离，将人的属性置于自然条件之上，对人类一切实践活动的开展做出了错误指引。不可否认，人的活动创造了社会历史，正如马克思所说："通过实践创造对象世界，改造无机界，人证明自己是有意识的类存在物。"[①] 但如果不能真正摆脱人类中心主义的窠臼，人类创造历史的实践一定会产生不可挽回的灾难性结果，"我们不要过分陶醉于我们人类对自然界的胜利。

---

① 《马克思恩格斯文集》（第1卷），人民出版社，2009，第162页。

对于每一次这样的胜利，自然界都对我们进行报复"。①

总的来看，绿洲生态-经济系统的绿色发展是在马克思主义生态观基本框架之内的实践探索，必须以科学的生态观为实践指南。马克思并不认为生态问题是简单的人与自然的二元关系，而是在此基础上加入了"社会"的内涵，是"自然-人-社会"相统一的辩证共同体。要实现绿洲生态-经济系统的发展格局，不仅要解决人与自然的矛盾，而且要通过社会形态的发展演变来打通解决资本主义生态危机的途径。同时，马克思主义生态观为绿洲生态-经济系统的绿色发展提供了生态权益价值观，强调要以人的自由而全面发展为目的，让绿洲生态-经济系统的实践成果惠及无产阶级和最广大人民群众。

从社会主义生态文明观的视角来看，中国特色社会主义五位一体的重要组成部分之一就是生态文明建设，这既是关乎党的使命宗旨的重大政治问题，也是关乎民生的重大社会问题。在党的二十大报告上，习近平总书记进一步强调："中国式现代化是人与自然和谐共生的现代化。"② 习近平总书记在马克思主义生态观的基础之上，结合中国具体实际，提出了一系列符合时代条件的重要论断。其中"两山"理论就是习近平生态文明思想的重要内容之一，可以说绿洲生态-经济系统的绿色发展就是"绿水青山"与"金山银山"的共存共荣。绿洲生态就是绿水青山，是自然循环的健康生态系统；经济系统就是金山银山，是通过人类实践活动所创造的物质财富。两者在表现形式上呈现相互对立的趋势，但究其根本，两者保持着统一共存的关系。绿水青山为金山银山的创造提供了物质准备，金山银山则集中体现为对绿水青山的实践成果。习近平总书记指出："我多次说过，绿水青山就是金山银山，保护环境就是保护生产力，改善环境就是发展生产力。"③ 这样看来，保护绿水青山就是为实现社会财富的缔造提供动力保障，社会财富转化为文明和科技进步又反作用于绿水青山，更好地为绿水青山保驾护航。

---

① 《马克思恩格斯文集》（第9卷），人民出版社，2009，第559~560页。
② 习近平：《高举中国特色社会主义伟大旗帜 为全面建设社会主义现代化国家而团结奋斗——在中国共产党第二十次全国代表大会上的报告》，《人民日报》2022年10月26日。
③ 习近平：《习近平谈治国理政》（第2卷），外文出版社，2017，第393页。

　　绿洲生态-经济系统建设的现实需要要求我们必须探索可持续的绿色发展理念。随着社会主义现代化建设的深入推进，经济发展模式主要以工业化、城镇化为载体，这必然会导致生态系统退化、自然环境恶化、资源消耗趋紧等问题的出现。为使这些现实难题得到有效化解，绿色发展理念的出场显得尤为紧要。习近平总书记结合实际所需，创新性地提出了"绿色发展理念"，既实现了对马克思主义生态观的辩证继承，也为在新时代解决生态困境提供了理论遵循和实践选择。"绿色"是新时代建设社会主义的"底色"和性质，"发展"则是新时代生态实践所必须紧密贴合的目标。两者谁也离不开谁，脱离了"绿色"的"底色"，"发展"将失去正确的前进方向，造成严重的灾难性后果；离开了"发展"的根本目标，现代化建设就会失去本来的意义。所以习近平总书记在两者之间找到了可以最大限度统筹"绿色"与"发展"的平衡点，深刻指出："我们既要绿水青山，也要金山银山。宁要绿水青山，不要金山银山，而且绿水青山就是金山银山。"① 这也就说明了"生态环境保护和经济发展不是矛盾对立的关系，而是辩证统一的关系"。② 这要求我们在绿洲生态-经济系统建设的过程中，既要找到实现经济系统高效运转的动力源泉，全力投入社会生产的实践，也要在绿洲生态上保留"后手"，为自然"返魅"留有一定伸展空间。

　　绿洲生态-经济系统是西北干旱区生态-经济系统中重要的组成部分，通过研究系统内绿色发展路径，建立绿洲农田生态良性循环的生产模式和技术体系，对推动绿洲农业结构调整、增加农民收入、保护农业资源、建设生态环境以及巩固边疆具有重要意义。目前，学界对绿洲生态-经济系统可持续发展问题进行了有益探索。

　　水资源的短缺是绿洲地区经济发展的主要制约因素。山地-绿洲-荒漠系统是以水过程为主的生态能流运移系统，为了确保绿洲生态-经济系统的高效可持续发展并保护绿洲生态安全，必须从整体上考虑以水过程为

---

① 中共中央文献研究室编《习近平关于社会主义生态文明建设论述摘编》，中央文献出版社，2017，第21页。

② 中共中央党史和文献研究院编《十九大以来重要文献选编》（上），中央文献出版社，2019，第406页。

主的山地、绿洲和荒漠生态系统。需要探讨各个系统之间的相互依存关系和能量运移转换规律，研究绿洲内地表、土壤和地下水之间的水转化规律，以及绿洲的水土资源承载力和优化配置机制，实现资源的优化配置。

为了保障绿洲农业经济系统的可持续发展，需要建立绿洲农田生态系统的安全体系，可以根据区域资源的负荷情况，探索一种适宜生态资源与系统各部分生态功能相协调的可持续利用的资源优化配置模式。同时，还需要建立宏观调控机制来实现资源的可持续利用，实现绿洲的生态安全，确保系统生态-经济功能高效运行及绿洲农业经济可持续发展。

生态环境的破坏对绿洲经济带来了严重的威胁。山地是蓄积、涵养水源的源流区，保护高山雪域、森林、草原就是保护绿洲生命源。高山冰川是天然固体水库，融雪集流成为众多河流的发源地。近年来全球气候变暖及生态恶化、环境污染，使雪线不断上升、冰川减少、森林和草场退化。根据山地生态环境优良、破坏度低、生态系统自我修复功能强的特点，以自然保育、恢复为主，对山地森林实施封山育林、人工造林，严禁乱砍滥伐行为；对山区草地实行季节性分区轮牧，畜群转移到农区以减轻草原压力，使山地生态系统得以休养和恢复。

绿洲地区的产业结构也需要进一步升级和调整。随着社会经济的发展和人们生活水平的提高，传统的农业、畜牧业等产业已经难以满足当代社会的需求，需要对产业结构进一步升级和调整。首先，应该加强对绿洲的自然资源评估，了解其分布情况和潜力。其次，要通过政策引导和资金支持，鼓励企业增加科研投入，推动信息技术等前沿科技的应用。同时，注重培育新兴文化产业，例如旅游业、特色手工业等。最后，加强产业结构优化升级的智库建设和人才培养，整合各类专家和学者力量，形成产业发展规划和实施方案，从人才培养、技术开发、营销推广等方面为产业发展提供支持。

绿洲生态-经济系统不仅以特有的格局制约和影响着绿洲农业的过去、现在和将来，还因干旱区生态系统的极端脆弱性，进一步影响着干旱区经济社会的安危。绿洲生态-经济系统既是干旱区各族人民直接赖以生存和发展的基础，也是获得经济、社会可持续发展最直接的支持系统。因此，由山盆关系所决定的、以植被生态系统为主要载体、以水资源为导向的山地-绿洲-荒漠生态功能统一体，以不同的功能特征，在不同的尺度上影响和决定着绿洲系统的环境安全。本书以绿洲生态-经济系统典型区域——塔里木河流域为研究区域，从水资源利用效率提升入手，探索该区域绿色发展的策略体系，助力实现该流域用水安全、生态安全与经济可持续发展。

第三章　塔里木河流域概况及生态系统基础评价

一　塔里木河流域概况与数据来源

（一）概况

塔里木河流域位于新疆维吾尔自治区南部，行政区划上包括巴音郭楞蒙古自治州、克孜勒苏柯尔克孜自治州、阿克苏地区、喀什地区及和田地区五个地州，以及新疆生产建设兵团阿拉尔市、铁门关市、图木舒克市和昆玉市，地理单元上包括向心聚流的九大水系和塔里木河干流、塔克拉玛干沙漠及东部荒漠区（见图3-1）。塔里木河流域是一个封闭的内陆水循环和水平衡相对独立的水文区域，具有高原山地、山前平原和沙漠等复杂多样的地貌特征。其地势总体为南高北低、西高东低；高山带除东部海拔在2000~3000米外，其他各山系的海拔均在4000米以上，5000米以上的山峰常年积雪，是流域主要的补给水源。流域内土地资源、光热资源和石油天然气资源十分丰富，流域地处内陆，气候干旱，降雨稀少，蒸发强烈，水资源匮乏，生态环境脆弱。

目前，在塔里木河流域九大水系中，与塔里木河干流保持地表水力联系的仅有阿克苏河、和田河以及叶尔羌河，此外，开都河-孔雀河流域在孔雀河下游通过库塔干渠与塔里木河干流下游连接在一起，由此形成了塔里木河"四源一干"的格局，"四源一干"是新疆地区重要的水源之一，是保障塔里木河流域绿洲经济、自然生态和各族人民生活的生命线，被誉为"生命之河"（孟丽红等，2006；Li X., et al., 2021）。

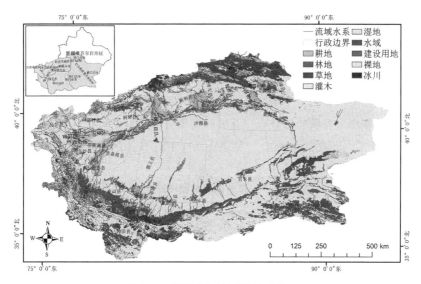

图 3-1 塔里木河流域的地理概况

注：该地图基于新疆维吾尔自治区标准地图服务网站下载的审图号为新 S（2021）046 号的标准地图制作，地图无修改。下同。

（二）数据来源

本书使用的数据主要包括三类，即地理数据、政府统计数据与实地调研数据。地理数据通过中国科学院资源环境科学数据中心（http：//www. resdc. cn）、寒区旱区科学数据中心（http：//westdc. westgis. ac. cn）、地理空间数据云（http：//www. gscloud. cn）、中国气象数据网（http：//data. cma. cn）、全国地理信息资源目录服务系统（http：//www. webmap. cn）、全国地理信息资源目录服务系统（http：//www. webmap. cn）等网站获得，主要包括植被指数（NDVI）数据、净初级生产力（NPP）数据、土地利用数据、气象数据、水文数据、土壤数据、数字高程模型（DEM）数据、矢量数据，用于支撑第三章的写作。

政府统计数据通过政府官网获得，包括《新疆维吾尔自治区统计年鉴》《新疆生产建设兵团统计年鉴》《新疆维吾尔自治区水资源公报》《新疆生产建设兵团水资源公报》，用于支撑第四至七章的写作。

实地调研数据来源于课题组对塔里木河流域开展的实地调研。课题组成员分别于 2022 年 1 月、2022 年 7 月和 2023 年 4 月对塔里木河流域阿克苏地区、喀什地区、和田地区、巴音郭楞蒙古自治州、克孜勒苏柯尔克孜自治州、阿拉尔市、图木舒克市、昆玉市，以及天山北坡经济带阜康市、呼图壁县、玛纳斯县等多个地区开展了实地调研，采取抽样调查的方式在上述地区抽取部分乡镇的部分农户开展问卷调查，共发放问卷 1693 份，回收问卷 1693 份，回收率为 100%（见表 3-1），用于支撑第六至八章的写作。

表 3-1　实地调研数据统计情况

时间	地区	份数	时间	地区	份数
2022 年 1 月	阿克陶县	15	2022 年 7 月	阜康市	69
	阿图什市	55		呼图壁县	107
	巴楚县	175		玛纳斯县	93
	尉犁县	11		乌鲁木齐市米东区	43
	博湖县	10		石河子市一三三团	41
	库车市	16		石河子市一三四团	22
	和田市	63		石河子市一四三团	10
	莎车县	27		石河子市一四五团	25
	疏勒县	30		石河子市一五一团	10
	温宿县	11		五家渠市一〇三团	39
	沙雅县	71		五家渠市东城街道	34
	图木舒克四十九团	44	2023 年 4 月	阿拉尔市十团	25
	图木舒克四十四团	49		阿拉尔市十二团	115
	图木舒克五十二团	12		阿拉尔市十三团	64
	图木舒克五十一团	53		阿拉尔市十六团	13
	昆玉市四十七团	69		阿拉尔市九团	22
	昆玉市皮山农场	52		铁门关市二十二团	45
	阿拉尔市十一团	53		铁门关市二十九团	11
	阿拉尔市十三团	34		铁门关市三十团	15
	阿拉尔市托喀依乡	40			

二　研究方法

（一）塔里木河流域农业用水效率测度时使用的方法

数据包络分析（DEA）是典型的非参数分析方法，以同一组相同类型的决策单元（Decision Making Units，DMU）的投入产出数据集为基础，通过线性方程来找到最优的生产前沿面，无效的决策单元会落在前沿面之内，通过计算决策单元到前沿面的距离来确定其生产效率。DEA 方法目前已经有多种不同类型的计算模型，主要包括投入导向型和产出导向型等基本模型。传统的 CCR、BCC 等 DEA 模型是基于角度的、径向的模型，只能处理投入与产出等比例缩减的情况，当投入与产出存在松弛变量，即存在投入冗余或产出不足时，径向模型容易高估决策单元的效率，而角度选择可能造成测算结果与实际效率之间产生偏差，并且在实际运用的过程中，产出不仅包括期望产出，还包括污染等一系列非期望产出。

为了更准确地评价包含非期望产出的效率问题，Tone（2001）在传统 DEA 模型的基础上，提出了 SBM 模型，直接将松弛变量放进目标方程，解决了变量松弛性和非期望产出存在情况下的效率评价问题。同时，SBM 模型又具有非径向和非角度的特点，能够避免量纲不同和角度选择差异带来的偏差。由于塔里木河流域各县（市）在农业生产过程中不可避免地会产生一定的污染，所以选择包含非期望产出 SBM-undesirable 模型。其基本形式如公式（3-1）所示。

$$
\rho = \frac{1 - \frac{1}{K} \sum_{K=1}^{K} s_k^- / x_{kd}}{1 + \frac{1}{N+M} + \left(\sum_{M=1}^{N} s_n^+ / y_{nd} + \sum_{m=1}^{M} s_m^- / u_{md} \right)}
$$

$$
\text{s. t. }, \quad \sum_{j=1}^{j} \lambda_j x_{kj} + s_k^- = x_{kd}, \ k = 1,2,\cdots,K
$$

$$
\sum_{j=1}^{j} \lambda_j y_{nj} - s_n^+ = y_{nd}, \ n = 1,2,\cdots,N \tag{3-1}
$$

$$
\sum_{j=1}^{j} \lambda_j u_{mj} + s_m^- = u_{md}, \ m = 1,2,\cdots,M
$$

$$
\lambda_j \geqslant 0, s_k^- \geqslant 0, \ s_n^+ \geqslant 0, \ s_m^- \geqslant 0, \ j = 1,2,\cdots,n
$$

61

式中，ρ 为某一时间段内决策单元（DMU）的农业用水效率，K、N、M 分别代表投入期望产出和非期望产出的因素个数，s_k^-、s_n^+、s_m^- 分别代表投入、期望产出和非期望产出的松弛量，x_{kd}、y_{nd}、u_{md} 分别代表投入、期望产出和非期望产出值；λ 代表权重，x_{kj} 代表 j 决策单元第 k 种投入要素，y_{nj} 代表 j 决策单元第 n 种期望产出，u_{mj} 代表 j 决策单元第 m 种非期望产出。当 $s_k^- = s_n^+ = s_m^- = 0$ 时，$\rho = 1$，代表决策单元落在有效前沿面上，相对效率最优；当 s_k^-、s_n^+、s_m^- 中有一个不为零时，即存在投入冗余、期望产出不足或非期望产出超标时，$\rho \neq 1$，说明存在生产效率提高的必要。

（二）可持续发展类别在生态空间判别时使用的方法

本书基于强可持续发展理论对生态空间进行判别研究，研究案例是塔里木河流域，在强可持续发展视域下，生态空间类别分为强可持续发展类生态空间和弱可持续发展类生态空间。把二级指标体系分为生态系统服务功能和生态系统敏感性两大类，其涵盖的三级指标包含的要素见表 3-2。参考已有的测算方法和研究成果（田浩等，2021），表 3-2 至表 3-6 把各指标要素及其计算方法，以及基于强可持续发展理念的生态空间辨识方法做了阐述，并分析了其具体含义。

表 3-2　生态空间判别的相关指标及测算方法

分类评价指标		测算公式
生态系统服务功能评价方法	水源涵养功能重要性	$WR = NPP_{mean} \cdot F_{sic} \cdot F_{prc} \cdot (1 - F_{slo})$ WR 为水源涵养功能指数，NPP_{mean} 为多年生态系统净初级生产力平均值（g/cm），F_{sic} 为土壤渗流因子，F_{prc} 为多年平均降水量（mm），F_{slo} 为坡度（°）
	水土保持功能重要性	$S_{pro} = NPP_{mean} \cdot (1-k) \cdot (1-F_{slo})$ $k = (-0.01383 + 0.51575 K_{EPIC}) \times 0.1317$ $K_{EPIC} = \{0.2 + 0.3 \exp[-0.0256 m_s \times (1 - m_{silt}/100)]\}$ $\times \left(\dfrac{m_{silt}}{m_c + m_{silt}} \right)^{0.3} \times \left\{ 1 - \dfrac{0.25 orgC}{orgC + \exp(0.372 - 2.95 orgC)} \right\}$ $+ \left\{ 1 - \dfrac{0.7 \times (1 - m_s/100)}{(1 - m_s/100) + \exp[-5.51 + 22.9 \times (1 - m_s/100)]} \right\}$

续表

分类评价指标		测算公式
生态系统服务功能评价方法	水土保持功能重要性	S_{pro} 为水土保持功能指数，k 为土壤可蚀性因子，K_{EPIC} 为修正前的土壤可蚀性因子，m_c、m_{silt}、m_s、$orgC$ 分别为黏粒、粉粒、砂粒、有机碳百分比含量（%）
	生物多样性保护功能重要性	$S_{bio} = NPP_{mean} \cdot F_{pre} \cdot F_{tem} \cdot F_{alt}$ S_{bio} 为生物多样性保护功能指数，F_{tem} 为平均气温（℃），F_{alt} 为海拔（m）
	生态系统服务功能重要性	$INT[A_i/A_{max}]$ A_i 为第 i 个栅格值，A_{max} 为栅格最大值。将以上结果统一处理为 250m×250m 栅格数据，并运用上式进行归一化处理，得到生态系统服务功能值，将累加值占总值比例的 15%、30%、60%、95% 对应的栅格值作为分类界线，将生态系统服务功能重要性分为 5 级
生态系统敏感性评价方法	水土流失敏感性	$SS_i = \sqrt[4]{R_i \cdot K_i \cdot LS_i \cdot C_i}$ $R_i = \sum_{i=1}^{12}[1.735 \times 10^{(1.5 \times \lg\frac{P_{i2}}{P} - 0.8188)}]$ SS_i 为水土流失敏感性指数，R_i 为降雨侵蚀力，P_i 为月降雨量（mm），K_i 为土壤质地因子，LS_i 为地形起伏度（m），C_i 为植被覆盖度
	土地沙化敏感性	$D_i = \sqrt[4]{I_i \cdot W_i \cdot K_i \cdot C_i}$ $I_i = 0.16 \times$ 全年 ≥ 10℃ 的积温/全年 ≥ 10℃ 期间的降水量 D_i 为土地沙化敏感性指数，W_i 为起沙天数（d），I_i 为干燥度指数
	土地盐渍化敏感性	$S_i = \sqrt[4]{I_i \cdot M_i \cdot D_i \cdot K_i}$ S_i 为土地盐渍化敏感性指数，I_i 为地区蒸发量/降雨量，M_i 为地下水矿化度（g/L），D_i 为地下水埋深（m）
	土壤冻融敏感性	$F = \sum_{i=1}^{n} W_i I_i / \sum_{i=1}^{n} W_i$ F 为土壤冻融敏感性指数，W_i 为各单因子指数的权重，I_i 为单因子标准化的值，n 为评价因子的数量

分类评价指标	测算公式
基于强可持续发展理念的生态空间辨识方法	$EL = \mathrm{Max}(WR, S_{pro}, S_{bio}, SS_i, D_i, F, S_i)$ 根据各单因子评价模型计算出的单因子生态系统服务功能重要性和生态系统敏感性仅能反映某一方面对研究区生态空间的作用。若要根据以上7个因子综合辨识研究区的CES范围，就需要对每个重要性、敏感性因子进行赋值，并通过叠加分析，计算生态空间综合指数 EL，进而为辨识该区的 CES 做基础

资料来源：①中国科学院资源环境科学数据中心（http：//www.resdc.cn）；②《新疆地下水研究》；③寒区旱区科学数据中心（http：//westdc.westgis.ac.cn）；④中国气象数据网（http：//data.cma.cn）⑤地理空间数据云（http：//www.gscloud.cn）；⑥全国地理信息资源目录服务系统（http：//www.webmap.cn）。

表3-3 生态系统服务功能重要性评价分级

重要性等级	次要	较次要	较重要	重要	极重要
累计服务值占服务总值的比例(%)	5	10	15	20	40
赋值	1	3	5	7	9

表3-4 生态系统敏感性评价指标体系

评价因子	不敏感	轻度敏感	中度敏感	敏感	极敏感
权重值	1	3	5	7	9
降雨侵蚀力	<4	>4~10	>10~20	>20~30	>30
土壤质地	沙、黏土(重)	黏土、砂质黏土、壤质砂土	粉质黏土、砂质壤土、壤土	砂质黏壤土、黏壤土、粉质黏壤土	粉砂壤土、粉砂
地形起伏度(m)	0~20	>20~50	>50~100	>100~300	>300
植被覆盖度	≥0.8	>0.6~0.8	>0.4~0.6	>0.2~0.4	≤0.2
干燥度指数	≤10	>10~25	>25~45	>45~65	≥65
起沙天数(天)	≤6	>6~10	>10~15	>15~30	>30
植被覆盖度	≥0.8	>0.6~0.8	>0.4~0.6	>0.2~0.4	≤0.2
蒸发量/降雨量(mm)	≤10	>10~15	>15~30	>30~40	≥40
地下水埋深(m)	>30	>15~30	>10~15	>6~10	≤6
地下水矿化度(g/L)	≤2	>2~4	>4~6	>6~8	≥8

表 3-5 土壤冻融敏感性评价指标体系

评价因子	气温年较差	坡度	坡向	植被覆盖度	年降水量	高程	权重
气温年较差	1	3	5	3	2	1	0.293
坡度	1/3	1	2	3	1/3	1/2	0.115
坡向	1/5	1/2	1	1	1/3	1/5	0.060
植被覆盖度	1/3	1/3	1	1	1/3	1/4	0.063
年降水量	1/2	3	3	3	1	1	0.213
高程	1	2	5	4	1	1	0.256

注：检验系数 CR=0.036<0.1，通过检验。将冻融敏感性的计算结果进行分级赋值：0~0.13 赋值为 1；0.13~0.25 赋值为 3；0.25~0.40 赋值为 5；0.40~0.55 赋值为 7；大于 0.55 赋值为 9。

表 3-6 生态系统服务功能敏感性评价分级

敏感性等级	不敏感	轻度敏感	中度敏感	敏感	极敏感
分级标准	0~3	3~4	4~5	5~6	≥6
赋值	1	3	5	7	9

三 塔里木河流域生态系统基础评价

为了进一步了解塔里木河流域的生态系统现状，本书基于 SPOT/VEGETATION 以及 MODIS 等卫星遥感影像，采用最大值合成法得到 NDVI 数据，以 NDVI 数据为基础，利用光能利用率模型 GLM_PEM 计算获取净初级生产力，使用分辨率 30 的全球地理信息公共产品 GlobeLand 30 将研究区土地利用/覆被类型分为 9 类，在土地利用类型划分的基础上，对塔里木河流域的生态系统进行评价。

（一）研究区生态系统服务功能重要性评价

塔里木河流域作为全球极其重要的干旱区之一，其生态系统服务功能评价对区域水资源管理和绿色发展具有深远意义。本书深化了对塔里木河流域生态系统服务功能重要性的评级分析。通过对次要区域的广泛分布进行细致考察，研究者发现这些区域虽然在总体上占据了 87.97% 的比例，主要集中在塔克拉玛干沙漠的中心地带，但并不意味着它们在生态系统服务功能上没有贡献。实际上，这些次要区域在调节区域气候、维持生物多样性以及部分土壤保持和沙尘暴防控等方面发挥着不可或缺的作用。这一点在图 3-2 中得到了直观展现，表明即便是在极为恶劣的自然条件下，塔里木河流域的生态系统仍然具有其内在的生命力和服务功能。对于重要和极重要区域的分析，尽管它们在整个塔里木河流域中的占比较少，仅为 1.37%，但这些区域在生态系统服务功能上的作用是不可小觑的。这些区域多分布于塔里木河流域的干流沿岸以及天山山脉的南坡，这里不仅是区域水资源的集中地，也是生物多样性的重要保护区。在这些区域中，生态系统服务功能表现为较强，不仅提供了丰富的水资源，还有利于土壤侵蚀的控制、生物多样性的保护和碳循环的调节等。这些功能对维护生态平衡、促进区域可持续发展具有重要价值。然而，尽管部分区域的生态服务功能较为突出，但整体而言，塔里木河流域的生态系统服务能力仍然处于

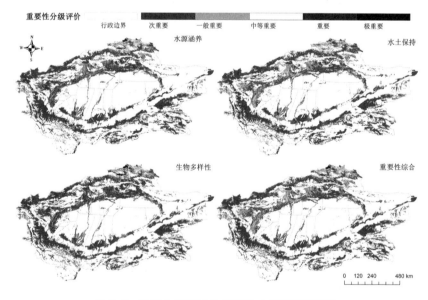

图 3-2 塔里木河流域生态系统功能重要性评价

注：该地图基于新疆维吾尔自治区标准地图服务网站下载的审图号为新 S（2021）046 号的标准地图制作，地图无修改。下同。

较低的水平，自然资本的存量也呈现低水平均衡的状态。这一现状的形成与该区域特有的自然条件和人类活动的影响密切相关。塔里木河流域所处的极端干旱环境，加之过度的水资源开发和利用，导致了生态环境持续恶化，生态系统服务功能不断弱化。因此，针对塔里木河流域生态系统服务功能的重要性评价，我们不仅需要关注目前的评级和分布状况，更应深入分析其背后的生态环境变化趋势和人类活动影响，从而提出切实可行的保护和恢复措施。通过科学合理的水资源管理和生态修复工程建设，逐步提升该区域生态系统的服务功能，为塔里木河流域的绿色发展奠定坚实基础。

水源涵养功能作为生态系统服务的核心，对塔里木河流域的水资源可持续管理和区域生态平衡至关重要。在这一功能的支持下，流域内的水资源得以在自然界和人类活动之间形成一种相对平衡的状态，从而保障了区域内生态系统的健康运行和社会经济的可持续发展。塔里木河流域具有独特的生态类型和复杂的地理环境，这些特点使得其水源涵养功能显得尤为重要，同时也面临着不小的挑战。从过去的研究中可以看出，由于不合理的水资源开发和利用，塔里木河流域内的地下水位长期呈现下降趋势，这对流域的水源涵养功能构成了严重威胁。幸运的是，随着保护措施的逐步实施和管理策略的改进，这一趋势在一定程度上得到了缓解。此外，"四源一干"体系承载着流域内 56.7% 的水资源总量，这一比例凸显了其在整个流域水资源管理中的核心地位。然而，当前流域内的水资源供需矛盾依然突出，部分区域存在明显的用水负荷超载现象，这无疑加大了水源涵养功能的压力。开都河-孔雀河（含博斯腾湖）、阿克苏河、叶尔羌河、和田河四条河流上游的水源涵养林，不仅是塔里木河流域重要的水源补给区，更是维系流域生态安全和经济发展的生命线。这些区域的水源涵养功能评价结果显示，重要以上的区域主要集中在这些河流的上游，尽管这些重要区域的面积占比较小（仅为 2.14%），但它们对整个流域的水循环和生态平衡起着不可替代的作用。此外，这些区域还是保护生物多样性的核心区，对维护生物多样性具有重要意义。因此，加强对这些关键区域的保护和管理，提高水源涵养林的质量和效能，对优化塔里木河流域的水资源配置、促进区域绿色发展具有重要的现实意义。这不仅需要科学合理的规划和持续的监测，还需要加强跨学科研究，深入理解水源涵养功能与区域水循环、生态保护和社会经济发展之间的复杂关系。通过这种方式，可以为塔里木河流域的水资源利用效率提升和绿色发展战略的实施提供坚实的科学支撑与技术保障。

在塔里木河流域，生物多样性和水土保持能力的提升是实现区域绿色发展的关键因素。根据最新的研究数据，流域内生物多样性的次重要区域面积占比高达94.10%，这一数据在一定程度上反映了该区域生物多样性整体水平的不足。然而值得注意的是，随着近年来塔里木河流域生态治理工程建设的逐步深入，特别是生态用水补给保障措施的有效实施，生物多样性的衰退趋势得到了有效遏制。这些措施不仅促进了流域内植被类型的稳定，而且为生物多样性的恢复和提升创造了有利条件。图3-2进一步揭示了研究区内水土保持功能的现状，其中次重要等级区域的占比为89.71%，这一比例较高的数据说明该区域水土保持功能相对脆弱。尽管近年来通过水土资源的合理开发与环境综合治理，局部地区取得了一定的改善，但在中下游地区，由于水分条件失衡，水土保持依然面临严峻挑战。这一现状要求我们不仅要持续关注生态治理的进展，还需要进一步加大力度，特别是在沿岸荒漠林地区增强水土保持能力。为了有效应对这些挑战，提出以下几点建议。首先，加强对生物多样性重要区域的保护，特别是对那些生物多样性较为丰富但受威胁的区域，应实施更为严格的保护措施。其次，继续推进生态治理工程建设，特别是在生态用水补给方面，确保流域内的水资源合理分配，为生物多样性的恢复和提升提供坚实基础。再次，加强水土保持功能区的治理，尤其是在中下游地区，通过科技创新和治理模式创新，提高这些区域的水土保持能力。最后，加大公众教育和参与力度，提高社会各界对生物多样性保护和水土保持重要性的认识，形成全社会共同参与的良好氛围。这些综合措施，可以有效提升塔里木河流域的生物多样性水平和水土保持能力，为区域的绿色发展提供坚实支撑。

（二）研究区生态系统敏感性评价

在深入研究塔里木河流域的生态系统敏感性时，我们发现其复杂性和多样性主要受到地形地貌和区域气候的共同影响。如图3-3所示，从综

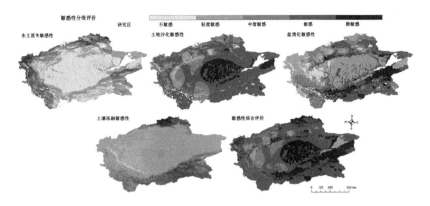

图 3-3　塔里木河流域生态系统敏感性评价

注：该地图基于新疆维吾尔自治区标准地图服务网站下载的审图号为新 S（2021）046 号的标准地图制作，地图无修改。下同。

合性敏感区来看，敏感和极敏感的区域分别占总区域面积的 55.01% 和 29.23%，占了区域的绝大部分面积。这一现象凸显了流域内生态系统面临的脆弱性和挑战。特别是叶尔羌河、和田河、开都河-孔雀河以及塔里木河干流的位置，它们穿越沙漠区域或沙漠边缘，使得这些地区极易受到干旱和风沙的影响，进而导致了土地沙漠化的严重后果。土地沙漠化不仅影响了生态环境的稳定性，还对当地社会经济发展产生了深远影响。在塔里木河流域，中度敏感、敏感和极敏感的土地面积分别占总面积的 17.42%、61.65% 和 13.20%，这一数据反映了土地沙化问题的严峻性。更为重要的是，这些敏感区域的分布具有明显的异质性，这意味着对策和干预措施需要因地制宜，针对不同地区的具体情况进行设计和实施。此外，对这一流域生态系统敏感性的进一步分析还应考虑其他相关因素的影响，如气候变化、水资源的分布和利用情况以及人类活动。气候变化可能加剧干旱和风沙问题，而不合理的水资源利用则可能进一步恶化土地沙漠化的状况。同时，人类活动，特别是过度放牧、不当的耕作方法和非法开垦，也是加剧生态系统敏感性的重要因素。因此，塔里木河流域的生态系统敏感性评价不仅需要关注土地沙漠化等直接表现，还需深入分析气候变化、水资源管理和人类活动等多重因素的综合影响。这要求采用跨学科的方法，整合地理学、生态学、气候科学和社会经济学等多个领域的知识，全面理解和应对这一复杂问题。通过这样的综合分析，我们可以更好地制定和实施有效的保护措施，促进塔里木河流域的可持续发展和绿色发展。

在塔里木河流域，水土流失问题的严重性不仅反映了生态系统的脆弱性，还揭示了该区域面临的环境挑战。根据最新的研究数据，中度敏感以上的水土流失区域占到了该区域总面积的25.34%，这一比例高于许多其他内陆河流域，凸显了塔里木河流域独特的生态环境保护和水土保持的紧迫形势。水力侵蚀和风力侵蚀作为主要的水土流失类型，其广泛的影响范围和严重程度对整个流域的生态平衡和地表稳定构成了显著威胁。此外，人力侵蚀、冻融侵蚀和重力侵蚀等其他类型的土壤侵蚀也在一定程度上加剧了流域的水土流失问题。特别是冻融侵蚀，它在冰川作用区和高山区的发生频率较高，导致岩石破碎和松散沉积物的扰动与再分选，进一步形成复杂的冻土地貌。这种地貌的形成不仅改变了地表的物理结构，还可能影响地下水的流动和分布，从而对流域内的水资源可用性产生长期影响。盐渍化问题也是塔里木河流域面临的一个重要环境挑战。中轻度敏感区域的盐渍化占比高达35.18%，盐渍化敏感区域占比29.53%，而中度敏感和极敏感区域的占比则分别为18.36%和12.36%。这些数据表明，塔里木河流域的盐渍化程度普遍较高，尤其是在不畅的外泄条件和盐源覆盖区域的影响下，土壤积盐现象尤为严重。经济社会的发展和灌排系统的不配套进一步加剧了土壤的次生盐碱化现象，这对农业生产和生态系统的健康构成了直接威胁。因此，塔里木河流域的水土流失和盐渍化问题揭示了该区域面临复杂的生态环境挑战。这些问题的存在不仅影响了生态系统的稳定性和生物多样性，还对当地社会经济的可持续发展构成了威胁。因此，采取有效的水土保持和盐渍化治理措施，加强流域管理和保护，对改善塔里木河流域的生态环境和促进区域绿色发展具有重要意义。

（三）基于强可持续发展类生态空间的判别分析

在塔里木河流域，生态空间的可持续发展能力评价是一项复杂而多维的工作，涉及生态系统的多个方面。该评价不仅需要考虑生态系统对干扰因素的敏感性和恢复力，还必须综合考虑地区的自然条件、社会经济发展水平以及人类活动的影响。塔里木河流域因其独特的地理位置和自然环境，生态空间的可持续发展能力面临诸多挑战。首先，自然因素，如气候变化和水资源分布的不均，对塔里木河流域的生态空间产生了显著影响。气候变化导致的极端灾害事件增多，如干旱和洪水，直接威胁生态系统的稳定性和恢复能力。此外，水资源的不均衡分布加剧了某些区域的水资源短缺问题，影响了生态系统的正常运行和生产力。其次，人为因素，包括过度开发自然资源、不合理的土地利用和水资源管理不善等，也对塔里木河流域的生态空间可持续发展带来了挑战。过度的农业灌溉和工业用水导致水资源过度消耗，而缺乏有效的水资源管理和保护措施，使得自然资本未能得到及时补偿，导致生态系统退化。同时，不合理的土地利用，如过度放牧造成植被覆盖度降低，进一步加剧了生态系统的脆弱性。为了全面评价塔里木河流域生态空间的可持续发展能力，需要采用强可持续发展类生态空间判别分析方法，这种方法不仅关注生态系统的物理和生物特性，还综合考虑社会经济和人类活动的影响。通过分析生态系统的敏感性、恢复力以及对干扰因素的适应能力，结合区域内水资源、土地资源和植被资源的状况，可以更准确地判断塔里木河流域各区域生态空间的可持续发展能力。

如图 3-4、表 3-7 所示，塔里木河流域的生态系统普遍存在脆弱性问题，这主要体现在两类生态空间的分布情况上。首先，底线型生态空间和危机型生态空间作为强可持续发展类生态空间的代表，其总面积高达878539 平方千米，占到了整个研究区面积的 84.26%（强可持续发展类生态空间对应于底线型生态空间、危机型生态空间，两者的面积分别为305257.84 平方千米、573281.16 平方千米，分别占研究区面积的 29.28%、54.98%）。这一高比例揭示了塔里木河流域生态系统面临巨大挑战。底线型生态空间和危机型生态空间的广泛分布表明，该区域的自然资本（包括水资源、土地资源和生物资源）与社会经济系统之间存在显著的不匹配和不协调现象。这种不匹配和不协调主要源于该地区自然条件恶劣（如降雨稀少、风沙频繁）以及人为活动的不当干预（如过度开发和利用自然资源）。其次，缓冲型生态空间和宜开发型生态空间，作为弱可持续发展类生态空间，其面积较小，合计仅占研究区面积的 15.74%（弱可持续发展类生态空间对应于缓冲型生态空间和宜开发型生态空间，面积分别

为 112845.80 平方千米、51322.16 平方千米，分别占研究区面积的
10.82%、4.92%）。这表明，在整个塔里木河流域，能够承受一定程度人
为干扰而不至于发生生态系统功能丧失的区域较少。这两类生态空间的存
在，虽然为流域的开发提供了一定空间，但在未来的发展中，必须谨慎行
事，确保生态系统的完整性和功能不被破坏。基于上述分析，我们认为，
塔里木河流域的生态系统管理策略应当以生态保护为先导，优先保障底线
型生态空间和危机型生态空间的生态安全，严格限制这些区域的人为干
扰，以避免生态退化的进一步加剧。同时，对于缓冲型生态空间和宜开发
型生态空间，应当采取科学合理的开发策略，通过精准的生态修复和可持
续的资源利用，提高这些区域的生态系统服务功能，从而促进塔里木河流
域绿色发展。强调生态系统服务功能的评估和生态补偿机制的建立，对实
现塔里木河流域生态空间的可持续发展具有重要意义。通过对生态系统服
务功能的科学评估，可以更准确地理解生态空间的价值，进而促进生态补
偿机制建立，为生态保护和恢复提供经济支撑，实现经济发展与生态保护
的双赢。

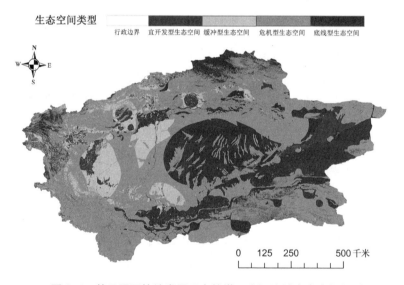

图 3-4　基于强可持续发展理念的塔里木河流域生态空间识别

表3-7 塔里木河流域生态空间识别结果

生态空间类型	评价类型	归类	面积（平方千米）	比例（%）	累计比例（%）
强可持续发展类生态空间	底线型生态空间	极重要区和极敏感区	305257.84	29.28	29.28
	危机型生态空间	重要区和敏感区	573281.16	54.98	84.26
弱可持续发展类生态空间	缓冲型生态空间	较重要区和中度敏感区	112845.80	10.82	95.08
	宜开发型生态空间	较次要区和轻度敏感区、次要区和不敏感区	51322.16	4.92	100

通过强可持续发展类生态空间判别分析，进一步细化了对该流域不同区域生态空间脆弱性的认识和评价。特别是针对流域上游的三源流区、阿克苏河流域以及叶尔羌河流域的具体情况，发现这些区域在生态系统的稳定性、水资源的供给能力以及对外部干扰的抗性方面存在显著差异，这些差异对制定区域水资源管理和生态保护策略具有重要意义。

流域上游的三源流区作为区域水资源可持续利用的基础，其生态空间脆弱程度较低，这为下游区域的水资源供给和生态系统稳定提供了有力支撑。然而，即便在这样相对稳定的区域，也需注意水土保持和生态平衡，避免过度开发引致的潜在生态风险。阿克苏河流域作为研究区内植被生长较好、水资源供给充沛的区域，其生态系统结构的稳定性和抗干扰能力较强，使其成为流域中生态环境较为优越的区域。在这样的背景下，该区域的开发利用应当采取谨慎的态度，确保在保护生态系统的前提下进行适度的经济活动，以促进地区经济的可持续发展，同时保护和维护其生态系统的完整性和稳定性。叶尔羌河流域位于布古里沙漠和塔克拉玛干沙漠之间，其独特的地理位置使得该区域面临较为复杂的生态环境挑战。由于平原降水较少而蒸发量大，加之春旱、夏洪等自然灾害频繁发生，使得该区域的生态空间脆弱性与敏感性处于中等水平。因此，对于叶尔羌河流域的水资源管理和生态保护策略，需要特别关注提高水资源利用效率，加强水土保持和生态修复工作，以减轻自然灾害的影响，提升生态系统的恢复力和适应能力。

塔里木河流域的不同区域在生态空间的脆弱性和可持续发展能力方面存在显著差异。因此，在制定区域水资源管理和生态保护策略时，必须基于对各区域生态空间特性的准确把握和评价，采取差异化、针对性的措施，以实现塔里木河流域水资源的高效利用和生态环境的可持续发展。这不仅需要政府、社会和科研机构的共同努力，也需要通过科学研究不断提高对该流域生态系统特性的认识和理解。

通过对不同区域生态空间的细致划分与分析，进一步深化了对该流域生态环境的认识。特别是区分了强可持续发展类生态空间与弱可持续发展类生态空间，这种分类有助于我们更准确地理解和评估流域内各区域的生态状态与发展潜力。在流域内，绿洲社会作为人类活动密集的区域，其生态系统相对脆弱，因此被归类为弱可持续发展类生态空间。这提示我们，在这些区域的发展策略中应更加注重生态保护和资源的合理利用，以防止生态环境进一步恶化，确保社会经济的持续健康发展。和田河流域的情况则更为复杂。该区域位于极干旱区，水资源极为匮乏，植被稀少，生态系统的敏感性和脆弱性极强，因此大部分区域被归类为强可持续发展类生态空间。这表明，和田河流域需要采取更加严格的生态保护措施，限制水资源的开发利用，以防止生态系统功能的进一步退化。然而，该区域内的部分人工林区域，由于人为的生态恢复措施，生态系统的稳定性有所提高，因此可以归类为弱可持续发展类生态空间，这些区域在未来的发展中具有一定的利用与开发潜力。开都河流域与孔雀河流域的情况则反映了不同生态环境条件下的生态系统状态。开都河流域由于降水量较大、气温较低、地下水位较高，尽管存在土壤盐渍化问题，但总体上生态系统条件较好，具有一定的生态恢复潜力。相反，孔雀河流域因气温较高、大风日数较多、土壤积盐严重以及天然植被破坏严重，流域下段植被退化明显，这些特点使得孔雀河流域的生态系统更加脆弱，需要采取更为积极的措施进行生态修复和保护。

因此，在塔里木河流域的水资源利用和生态保护策略中，必须综合考虑各区域的具体情况，采取差异化的管理和保护措施。对于强可持续发展类生态空间，应优先考虑生态保护和恢复，限制人为干预；对于弱可持续发展类生态空间，则可以在确保生态安全的前提下，探索适度的资源开发和利用方式，以实现经济与生态的双重可持续发展。

（四）在生态安全前提下塔里木河流域人造生态系统开发分析

在深入探讨塔里木河流域生态安全与人造生态系统开发的关系时，发现尽管该流域的自然生态系统极为脆弱，但通过科学合理的人工干预，可以在一定程度上改善生态环境，提高水资源利用效率，促进地区的绿色发展。这种改造主要集中在绿洲区域，通过构建人工绿洲生态系统，实现荒漠化地区的生态修复与可持续利用。人工绿洲生态系统的建立，不仅仅限于耕地生态系统（如农田生态系统、人工林生态系统）的开发，还涉及人工水域生态系统的构建，以及人工地表类生态系统（包括工业用地、采矿场、交通用地、村镇和城市生态系统）的规划与管理。这些人工生态系统的建立和发展，不仅为该地区提供了必要的生态服务，如调节气候、保持水土、提供生物多样性栖息地等，而且为当地居民提供了农业生产、工业发展和生活所需的基础设施。塔里木河流域的人造生态系统不仅能够在保障生态安全的前提下满足人们的生产生活需求，还能促进该地区经济的绿色可持续发展，为解决全球生态环境问题提供有益的实践经验和理论支持。

塔里木河流域的绿洲生态系统，因其独特的地理位置和自然条件，形成了一种独特的、分散而又相连的生态格局。这些绿洲不仅是生物多样性的宝库，也是人们生活和生产活动的重要基地。在这种背景下，合理的人造资本开发不仅是可能的，而且是促进地区可持续发展的关键。根据已有的数据分析（见表3-8、图3-5），我们可以看到，在天山山脉南麓塔里木河流域上游和干流北岸的各个绿洲生态系统中，耕地和人工地表类生态系统占据了相当大的比例。这些绿洲生态系统内的人工地表类区域，主要分布在危机型生态空间和缓冲型生态空间。人工地表类区域处于缓冲型生态空间和宜开发型生态空间的面积分别为1233.6平方千米、430.32平方千米，总占比为49.12%；耕地生态系统处于缓冲型生态空间和宜开发型生态空间的面积分别16961.88平方千米、5189.2平方千米，总占比为44.11%。这些数据表明，在塔里木河流域的绿洲生态系统中，存在较大面积的缓冲型和宜开发型生态空间，这为人造资本的开发提供了空间和可能。在生态安全的前提下，通过科学规划和合理利用这些生态空间，可以有效地提高土地利用效率，同时促进地区经济的发展和生态环境的改善。

表 3-8　塔里木河流域土地利用生态安全冲突

生态空间类型	评价级别	人工地表(平方千米)	比例(%)	耕地(平方千米)	比例(%)
强可持续发展类生态空间	底线型生态空间	241.2	7.12	3217.36	6.41
	危机型生态空间	1482.12	43.76	24842.56	49.48
弱可持续发展类生态空间	缓冲型生态空间	1233.6	36.42	16961.88	33.78
	宜开发型生态空间	430.32	12.70	5189.2	10.33
总　　计		3387.24	100	50211	100

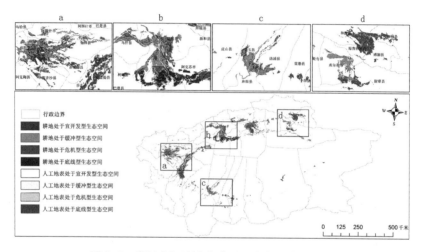

图 3-5　塔里木河流域土地利用生态安全冲突区

在塔里木河流域的人造生态系统开发分析中,本书特别关注了在自然绿洲外围,具备较优水资源条件区域对荒漠生态系统的生态改造实践。通过引入灌溉等人工措施,这些区域成功转变为人工绿洲生态系统。这种转变不仅拓展了人类利用的生态空间,而且在遵循保持自然资本总量不变原则的前提下,为生态系统的可持续发展提供了新的可能性。这部分生态空间被归类为强可持续发展类生态空间,其特点是在生物多样性方面发展不足,种间结构简单,生态系统的自我调节能力较弱。基于强可持续发展类生态空间的特征,生物多样性发展不充分,种间结构层次简单,系统的调节能力很差,在该类生态空间内,人工地表类区域处于底线型生态空间和危机型生态空间的面积分别为 241.2 平方千米、1482.12 平方千米,总占比为 50.88%，耕地生态系统处于底线型生态空间和危机型生态空间的面积分别为 3217.36 平方千米、24842.56 平方千米，总占比为 55.89%。这些数据反映了在人工绿洲生态系统中，耕地和人工地表类生态系统所占比重较大，说明了在这些区域人造资本的开发和利用已经成为主导。

在塔里木河流域的人造生态系统开发分析中，对强可持续发展类生态空间的探讨具有重要意义。这类生态空间通常位于生态阈值的边缘，其特点是在人的干预下，通过改造自然荒漠系统来满足人类需求，同时努力保持生态系统的平衡和可持续性。在这一过程中，通过引入灌溉等人工措施，对自然资本（如水资源、土地资源、生物资源和气候资源）进行优化配置，以减少对人类生存和发展不利的自然因素。在塔里木河流域，通过人工措施建立人工绿洲，其实是一种对自然生态系统平衡的人为调整。这种调整在一定程度上增加了生态资本的总体价值，例如，通过兴修水利和发展灌溉系统改善原本干旱的土地，使之能够用于农业生产和其他人类活动。然而，这种开发和利用也带来了一定的生态风险。大量的人工地表类和耕地生态系统集中在底线型和危机型生态空间，这意味着在提高土地利用效率的同时，也牺牲了一部分本应用于生态自我调节的自然资源。这种做法存在超过生态阈值，甚至引发生态崩盘的风险，特别是当人为干预过度时，可能会导致对生态系统的不可逆损害。

为了降低这种风险，确保塔里木河流域人造生态系统的开发既能满足人类需求，又能保持生态系统的可持续性，需要采取一系列综合措施。首先，必须对生态系统进行科学评估，明确生态阈值，以避免过度干预导致的不可逆损害。其次，应采用先进的水资源管理和土地利用规划技术，优化资源配置，提高资源利用效率，同时减少对环境的负面影响。再次，加强生态保护和修复工作也至关重要，通过恢复生态系统的自然属性和功能，增强其自我调节能力。最后，增强公众的生态保护意识，鼓励社会各界参与生态保护和可持续发展的实践，共同维护生态系统的健康和稳定。通过这些措施的实施，有效平衡塔里木河流域人造生态系统的开发与生态安全之间的关系，促进该地区绿色发展，为实现可持续发展目标奠定坚实基础。

在塔里木河流域这一特定的干旱区域内，水资源作为连接自然资本与人造资本的桥梁，扮演着至关重要的角色。该地区的生态系统平衡与水资源的可用性密切相关，因此，对水资源的管理和利用直接影响着生态系统的健康与可持续性。由于塔里木河流域水资源在时间和空间上的分布存在明显限制，这就要求采取创新的管理策略以超越这些自然限制，实现水资源的最优配置和利用。在实现自然资本向人造资本转化的过程中，必须充分考虑水资源的时空分布特性，并利用现代水利技术和灌溉设施，优化水资源的分配和利用。通过这些手段，在一定程度上减少水资源的限制，促进生态系统的可持续发展。然而，这种转化过程具有固有的脆弱性，一旦该地区遭遇长期的水资源短缺，人工创建的绿洲生态系统就会面临衰退的风险，这不仅会影响人们的生存和发展，而且会对生态系统的完整性和功能产生负面影响。

在探讨塔里木河流域人造生态系统开发的背景下，生态空间的广泛性和在价值衡量与利用方式上的异质性，提出了对策略性管理和规划的需求。正如潘方杰（2020）所指出的，对生态空间中不同属性的空间区域进行细致划分，并针对各区域提出具体的保护与发展思路，是实现生态保护与可持续发展的关键。这种方法论的核心在于通过生态功能区划技术，从空间维度上明确划定生态保护与生态安全的界限，这不仅是区域生态分区管理的基础，而且是构建国家和区域生态安全格局的重要策略。生态功能区划的实施，使得生态保护与建设规划成为可能，它提供了一种科学的方法来维护区域生态安全并有效构建生态安全格局。在塔里木河流域这样的敏感和复杂生态系统中，生态功能区划的策略尤为重要。通过将流域内的生态空间划分为不同的功能区，每个区域都可以根据其生态特性和人类活动的影响，采取相应的保护措施和发展策略。生态功能区划还能促进对生态系统服务价值的认识和评估。在塔里木河流域内，不同生态功能区所提供的生态系统服务（如水源涵养、生物多样性保护、土壤侵蚀控制等）在类型和价值上存在差异。通过对这些服务进行科学评估，可以更好地指导生态保护与利用决策，确保生态系统服务的持续提供，支撑区域的绿色发展。实施生态功能区划还需要跨学科的知识和技术支持，包括遥感技术、地理信息系统（GIS）、生态学和社会经济学等。这些工具和理论的综合应用，可以提高生态功能区划的精确性和实用性，为塔里木河流域的生态保护与可持续发展提供强有力的科学支撑。

在塔里木河流域的生态空间功能区规划与发展对策中，科学与理性的规划是确保生态安全和促进绿色发展的关键。这一过程不仅需要综合考虑山水林田湖草沙的一体化保护，还需要采用系统治理的方法，确保生态空间的可持续利用与保护。目前，虽然学界在生态空间划分上取得了一定的进展，但大多数研究依然局限于以生态视角为主的单一规划方式。这种方式虽然在一定程度上促进了生态保护，但在实现绿色发展的目标上仍显不足。基于强可持续发展范式的生态空间评价，提出了将生态优先与绿色发展相结合的规划思路，这一思路不仅重视生态保护，而且强调在保护的基础上探索生态空间的可持续利用方式，从而达到生态与经济双赢的目标。此外，强可持续发展范式下的生态空间评价还为各个生态功能区后续的发展策略提供了方法论上的指导，使得生态功能区的保护与发展更加科学、合理。根据强可持续发展范式及其蕴含的政策含义，本书尝试提出以下生态功能空间保护与发展对策思路（见表3-9）。

表 3-9 基于强可持续发展范式的生态功能空间保护与发展对策思路

生态空间类型	评价类型	归类	保护与发展思路	"两山"理论意蕴	
强可持续发展类生态空间	底线型生态空间	极重要区和极敏感区	保护优先，原则上禁止开发	宁要绿水青山，不要金山银山	绿水青山就是金山银山
	危机型生态空间	重要区和敏感区	加强保护，强制性管控		
弱可持续发展类生态空间	缓冲型生态空间	较重要区和中度敏感区	适当保护，限制开发	既要绿水青山，也要金山银山	
	宜开发型生态空间	较次要区和轻度敏感区、次要区和不敏感区	一般保护，科学开发		

第一，生态系统服务功能评价。对塔里木河流域内的生态系统服务功能进行全面评价，明确各生态功能区的关键服务功能与价值。这一评价不仅包括生物多样性保护、水源涵养、土壤侵蚀控制等传统的生态服务，也应考虑到文化服务、休闲旅游等新型生态服务功能。

第二，分区制定发展策略。根据生态系统服务功能评价的结果，对塔里木河流域进行科学的生态功能区划分，并针对不同功能区制定具体的保护与发展策略。对于具有重要生态服务功能的区域，应优先考虑生态保护，限制或禁止破坏性的经济活动；对于具有潜在经济开发价值的区域，则可以在确保生态安全的前提下，探索可持续的利用方式。

第三，建立生态补偿机制。为了鼓励地方政府和社区参与生态保护，建立公平有效的生态补偿机制至关重要。这种机制可以通过财政转移支付、生态产品市场化等方式，为生态保护区域的地方政府和社区提供经济补偿，以减少生态保护对当地经济发展带来的负面影响。

第四，强化生态法规与政策支持。加强生态环境保护法律法规的制定与实施，确保生态功能区规划与发展对策得到有效执行。同时，通过政策引导和支持，鼓励绿色技术研发与应用，促进生态友好型产业发展。

通过实施上述对策，塔里木河流域的生态功能空间保护与发展将更加符合强可持续发展理念的要求，不仅能够有效保护生态环境，还能促进地区经济的绿色转型与可持续发展。

四 本章小结

本章通过对塔里木河流域的基本概况和相关数据进行综合分析，利用基于强可持续发展理念的分析框架，采用生态空间判别的方法，深入探讨了塔里木河流域的生态系统现状。这种方法论的核心在于从多个维度，包括生态服务功能的重要性、生态系统的敏感性，以及生态空间的判别，对塔里木河流域的生态系统进行了全面评价，不仅揭示了塔里木河流域内生态系统的当前状态，而且为进一步的生态空间管理和保护提供了科学依据。通过这一综合评价，本书得出了关于塔里木河流域生态空间的重要结论。首先，根据生态空间的自然资本脆弱程度、敏感程度、可再生能力以及代际传递的难易程度，将生态空间划分为强可持续发展类和弱可持续发展类两大类别。这一分类不仅反映了生态空间在生态系统服务功能和可持续性方面的差异，也为后续的保护和开发策略制定提供了依据。进一步的，本书将生态空间细分为底线型生态空间、危机型生态空间、缓冲型生态空间、宜开发型生态空间四个主要类别，每个类别都有其特定的生态特征和保护开发要求，为制定针对性的保护与开发策略提供了更为精细的指导。值得注意的是，塔里木河流域绿洲生态系统展现了一定的抗干扰性和反脆弱性。这意味着，在坚持生态安全的前提下，该区域具有适度开发人造资本的潜力。这一发现为塔里木河流域水资源的开发与利用提供了重要的理论依据，强调了在保障生态安全的同时，可以通过科学合理的开发利用策略促进区域的可持续发展。

　　总之，本章不仅从理论和方法论的角度为塔里木河流域的生态空间评价提供了新的视角，也为该流域的生态保护、水资源合理利用和区域绿色发展提出了具有实践价值的对策和建议。这些结论和建议为后续的研究和实践活动提供了坚实的基础，有助于推动塔里木河流域在面对生态挑战时，找到更加科学、合理和可持续的发展路径。

第四章　塔里木河流域可持续发展面临的生态风险与农业面源水体污染

　　2015 年，联合国可持续发展峰会通过了《2030 年可持续发展议程》，该议程从全球的层面提出了 17 项可持续发展目标（Sustainable Development Goals，SDGs）与 169 项具体目标，强调经济、社会与环境的协调发展。可持续发展已经成为指导各国经济社会发展实践的重要理论，中国积极落实可持续发展目标，将 17 项可持续发展目标与国家中长期发展战略规划有机结合，构建了中国可持续发展评价体系。随着社会经济的快速发展，水资源缺乏、水环境污染等问题都对经济发展、社会稳定以及环境保护产生了一定的负面影响。相对于千年发展目标，可持续发展目标更加注重水环境的问题（汪翡翠等，2018）。水和环境卫生的可持续管理（SDG 6）目标已成为国际社会发展的关键目标之一，同时 SDGs 各指标之间相互关联，如 SDG 2 中农业生产发展所产生的地下水污染与 SDG 6 水和环境卫生目标相关。SDGs 指标提出后，众多学者结合 SDGs 指标从不同角度构建指标体系开展评价，其中水资源相关指标是实现 SDGs 的重要组成部分（Wang H.，et al.，2021）。

　　生态风险评价是生态环境风险监控、生态资源管理、生态环境质量预警阈值研究的重要命题（Piet，et al.，2017）。景观生态风险作为识别区域生态风险、衡量区域生态安全的一种有效手段，在生态环境风险监控、生态资源管理、生态环境质量预警阈值研究等方面发挥了重要作用（王敏等，2022；乔斌等，2023）。其含义是在自然因素或者人类社会因素的干扰下，不同因素相互交错作用而可能对生态系统的结构和功能产生的不利影响（Landis，2003；彭建等，2015；李青圃等，2019）。近年来，随着人们环保意识的不断加强，学界开始关注人地关系的探索，尝试从景观格局异质性与景观功能关联性在水平领域与垂直领域多元化、多视角的交叉融合，刻画景观生态风险。Hoekstra 和 Chapagain 于 2008 年提出灰水足迹概念（Piet，et al.，2017），灰水足迹表示容纳并稀释水体中的污染物，使其达到自然本底浓度或现有的环境水质标准所消耗的淡水体积（王敏等，2022）。灰水足迹的提出使得我们可以从水量的角度对水污染进行考量，进而可以与水资源消费量进行比较（乔斌等，2023）。单因子指数评价法、模糊综合评价法、水污染指数法等传统的水污染评价方法，并没有将稀释水体污染物所需要的淡水量考虑其中，灰水足迹则将这部分用水量考虑到水污染的评价中，完善了传统的水污染评价方法（彭建等，2015）。

塔里木河流域是"丝绸之路"经济带建设的核心区，对该流域景观生态风险进行评价，可为该区域的生态保护、经济发展及对外贸易奠定基础，塔里木河的主要支流分别发源于昆仑山、天山以及喀喇昆仑山主脊，最终流向台特马湖，塔里木河是中国最长的内陆河，受人类经济活动及气候变化等多方面因素影响，车尔臣河、迪那河、克里雅河的地表水自 20 世纪 40 年代以来相继与塔里木河干流失去水力联系，此后也有部分河流相继脱离干流，当前，仅有阿克苏河、和田河、叶尔羌河以及孔雀河-开都河与塔里木河干流地表水保持水力联系，生态安全面临严重威胁（Wang Yiding，et al.，2022；Feng Meiqing，et al.，2022）。因此，本章基于 2000 年、2010 年、2020 年 3 个时期塔里木河流域土地利用变化数据，探究其土地利用转移特征和生态风险时空演变特征，并在此基础上计算流域农业生产活动所造成的灰水足迹，对流域水污染治理、生态恢复以及促进流域农业的绿色可持续发展具有重要意义（张鑫等，2019）。

一　研究方法

（一）景观生态风险评价的方法

1. 景观风险小区

根据数据精度和研究目的，为更直观地展现景观生态风险指数的空间分布，在考虑景观空间异质性斑块面积和塔里木河流域面积的基础上，本

研究参考生态安全评价中渔网网格的划分方法，依据研究区景观斑块平均
面积 2~5 倍原则，同时考虑采样和计算的工作量，对研究区采用 30 千米×
30 千米的正方形网格进行等间距采样处理，将塔里木河流域划分为 1293
个网格，作为生态风险评价单元（见图 4-1），然后利用景观生态风险评
价模型计算每一个风险小区的景观生态风险指数，并将赋予景观生态风险
指数的各风险小区中心点作为空间插值分析的样本（Peng，et al.，2018；
Li Xin，et al.，2023）。

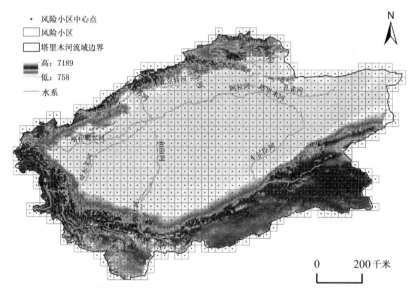

图 4-1　塔里木河流域概况及生态风险评价单元的划分

注：该地图基于新疆维吾尔自治区标准地图服务网站下载的审图号为新 S
（2021）046 号的标准地图制作，地图无修改。下同。

2. 景观生态风险评价模型的构建

塔里木河流域是由绿洲与山地、荒漠构成的一个完整的相互作用的干
旱区生态系统，其中绿洲作为干旱区景观结构最复杂、类型最丰富、景观
多样性最高的地区，具有高风沙、干旱严重、受人类活动干扰较大且较难
恢复等景观生态风险特征（乔斌等，2023）。绿洲化与荒漠化是干旱区最
基本的地理演变过程，由于受自然和人文等因素的影响，绿洲系统总是处
于活化、变动状态，干旱区生态环境的脆弱性也就表现在区域荒漠化过程

占主导，而且生态平衡遭受破坏后难以恢复或不可逆转（康紫薇等，2020）。故参照相关景观生态风险评价研究成果及研究区景观格局特点，本书选取景观破碎度、分离度、优势度指数来构建景观干扰度指数计算模型，并借助景观生态学方法，选取景观干扰度、脆弱度和损失度指数作为风险评价指标，以此构建景观生态风险指数（Ecological Risk Index，ERI），以评估塔里木河流域对人类干预的潜在脆弱性和表征塔里木河流域景观生态风险的空间分异及格局变化情况。对干旱区绿洲景观生态风险评价来说，比较重要及特殊的表征指标是景观脆弱度指数，其重要性和特殊性以及地域性主要表现在应当根据绿洲干旱区各景观的实际情况及所占地位，对其指数中的参数赋予不同的权重。本研究则根据研究区实际情况，并借助前人研究成果对各参数进行权重赋值（康紫薇等，2020；Peng，et al.，2018；Li Xin，et al.，2023；Hualin，et al.，2013），具体如表4-1所示。

为分析塔里木河流域景观生态风险空间分布特征，本研究将各景观生态风险小区的 ERI 值作为其渔网中心点的属性值，同时参考相关研究，借助 ArcGIS "地统计模块" 中的普通克里金插值功能，得到研究区景观生态风险空间分布情况。根据 3 个时期 ERI 值的实际分布情况，利用自然断点法对景观生态风险指数进行等级划分，设定了 5 个景观生态风险等级（康紫薇等，2020；Zhang，et al.，2020；Tan Li，et al.，2023），分别是低生态风险（0.036~0.047）、较低生态风险（0.047~0.052）、中生态风险（0.052~0.057）、较高生态风险（0.057~0.065）、高生态风险（0.065~0.114），并统计研究区内不同时期各景观生态风险等级的面积及比例（康紫薇等，2020）。

表 4-1　景观生态风险指数及其计算方法

指数	计算公式	参数意义
景观破碎度指数 C_i	$C_i = \dfrac{n_i}{A_i}$ 式中，n_i 为景观 i 的斑块数，A_i 为景观 i 的总面积	表示景观被分割的破碎程度，反映景观空间结构的复杂性，在一定程度上表示人类对景观的干扰程度

指数	计算公式	参数意义
景观分离度指数 S_i	$S_i = \dfrac{A}{2A_i} \cdot \sqrt{\dfrac{n_i}{A}}$ 式中，A 为景观总面积	表示某一景观类型中不同斑块数个体分布的分离度
景观优势度指数 K_i	$K_i = \dfrac{1}{4}\left(\dfrac{n_i}{N} + \dfrac{m_i}{M}\right) + \dfrac{A_i}{2A}$ 式中，m_i 为景观类型 i 斑块出现的样区数，M 为总样区数，N 为斑块总数	景观的优势度与多样性指数成反比，对于景观类型数目相同的不同景观，多样性指数越大，其优势度越小
景观干扰度指数 U_i	$U_i = aC_i + bS_i + cK_i$ 式中，a、b、c 分别表示相应景观指数的权重，$a+b+c$ $=1$，$a=0.5$，$b=0.3$，$c=0.2$	反映不同景观类型受到干扰后的损失程度，干扰度指数越大，生态风险也就越大
景观脆弱度指数 E_i	借鉴干旱区内陆河流域相关研究并结合风险源特点，将地类与脆弱度联系起来，将其脆弱性分为9级：冰川和永久积雪=9，裸地=8，灌木丛=7，草地=6，耕地=5，湿地=4，水体=3，林地=2，人造表面=1	进行归一化处理后得到各景观类型的脆弱度指数 E_i，表示不同景观类型抵御外部干扰的能力，抗外部干扰的能力越小，则脆弱度越大，生态风险越大
景观损失度指数 R_i	$R_i = U_i \cdot E_i$ 式中，U_i 和 E_i 分别为景观 i 的干扰度指数和脆弱度指数	表示遭遇干扰时各景观类型所受到生态损失的差别，是某一景观类型干扰度和脆弱度指数的综合
景观生态风险指数 ERI_i	$ERI_i = \sum\limits_{i=1}^{N} \dfrac{A_{ki}}{A_k} R_i$ 式中，N 表示景观类型的数量，R_i 表示景观类型 i 的损失度指数，A_{ki} 表示第 k 个风险小区中景观类型 i 的面积；A_k 为第 K 个风险小区的面积，ERI_i 表示风险小区 i 的景观生态风险指数	依据土地利用类型的面积比重和景观损失度指数 R_i 构建景观生态风险指数 ERI；ERI 描述了每个风险小区综合生态环境损失的程度，其值越大表示生态风险程度越高

3. 空间分析方法

景观生态风险评价是生态风险评价在区域尺度的重要组成部分，其借助景观生态学的生态过程与空间格局耦合关联视角，更加注重风险的时空异质性和尺度效应，致力于实现多源风险的综合表征及其空间可视化。为了更清晰地描述塔里木河流域景观生态风险的空间分布情况，本书根据景观生态风险评价的要求和各分析方法的作用，有针对性地选取了统计学方法（Xu Bin，et al.，2022；Liu Hao，et al.，2022），借助 GIS 软件，通过求和、采样、普通克里金空间插值等处理，得出 2000 年、2010 年、2020 年的景观生态风险等级连续空间分布情况，定量测度和描述 2000~2020 年各景观生态风险等级的转化方向及面积，分析其景观生态风险空间分布特征及变化原因。

（二）农业灰水足迹及相关指数的计算

1. 农业灰水足迹的计算

（1）种植业灰水足迹。种植业灰水主要用于稀释化肥农药中的氮、磷、钾营养元素。在农业生产过程中，未被农作物吸收的化肥与农药会随着降雨或者灌溉以淋溶的方式进入地下水或地表径流产生水污染。氮肥在化肥施用中所占比例较高，水污染份额最大（Molinos Garcia，et al.，2016）。因此，在测算种植业灰水足迹时，选取氮肥为评价指标（Domene，et al.，2008；Zhou，et al.，2008；Obery，et al.，2010）。由于塔里木河流域位于西北干旱区，降水稀少，农业种植以灌溉为主，不易形成地表径流，氮肥主要造成地下水的污染。每升饮用水中不能超过 10mg 的氮，因此选取氮肥的最大容许浓度 0.01 kg/m³ 为参考标准（Li，et al.，2021；Wu，et al.，2021）。基于 Hoekstra 等的计算方法，推导出种植业灰水足迹计算公式（乔斌等，2023），如下所示。

$$GWF_{pla} = \frac{\alpha \cdot Appl}{(c_{max} - c_{nat})} \qquad (4-1)$$

式（4-1）中，GWF_{pla} 为种植业灰水足迹（m³）；α 为氮肥淋溶率（%）；$Appl$ 为氮肥施用量（kg）；c_{max} 为最大容许浓度（kg/m³）；c_{nat} 为污染物受纳水体的自然本底浓度（kg/m³）。

（2）畜牧业灰水足迹。畜牧业灰水足迹主要为畜禽粪污的持久堆放或施入农田后，部分粪污的污染物随着地表径流进入地下水，产生水污染。畜禽粪污的污染物主要为 COD 和 TN（总氮）等。查阅相关文献，本次研究以 TN（总氮）为关键指标来测量畜牧业灰水足迹（Paul，et al.，

2016)。通过查阅相关年鉴选取牛、猪、马、骆驼、骡子、羊、驴为主要
考量对象。计算公式为如下。

$$TN_{bre} = \sum_{i=1}^{7} NUM_i \cdot DAY_i \cdot (f_i \cdot n_i^f \cdot \beta_i^f + p_i \cdot n_i^p \cdot \beta_i^p) \qquad (4-2)$$

式（4-2）中，TN_{bre} 为畜禽的氮排放量（t）；NUM_i 为第 i 种畜禽的
存栏量；DAY_i 为第 i 种畜禽的养殖天数；f_i 和 p_i 分别表示第 i 种畜禽的粪
便排泄系数和尿液排泄系数（kg/d）；n_i^f、n_i^p 分别表示第 i 种畜禽粪、尿
的全氮系数（kg/t）；β_i^f、β_i^p 分别表示第 i 种畜禽粪、尿的流失率（%）。

以 TN_{bre} 为基础数据测算畜牧业灰水足迹 GWF_{bre}（m³），公式如下。

$$GWF_{bre} = \frac{TN_{bre}}{c_{max} - c_{nat}} \qquad (4-3)$$

（3）农业灰水足迹（GWF_{agr}）。为种植业灰水足迹与畜牧业灰水足迹
的加总。

$$GWF_{agr} = GWF_{pla} + GWF_{bre} \qquad (4-4)$$

2. 相关指数计算

（1）农业灰水足迹强度。反映的是研究区农业水污染的强度，其计
算公式如下。

$$int = \frac{GWF_{agr}}{land} \qquad (4-5)$$

式（4-5）中，int 为农业灰水足迹强度（m³/hm²）；$land$ 为耕地面积
（hm²）。

（2）农业灰水足迹效率。反映的是以单位耕地面积水污染为代价所
带来的经济效益，其数值越大表示农业发展水平越高，其数值越小表示农
业发展水平越低。计算公式如下。

$$eff = \frac{GDP_{agr}}{GWF_{agr}} \qquad (4-6)$$

式（4-6）中，eff 为农业灰水足迹效率（元/m³）；GDP_{agr} 为农业生
产总值（元）。

3. 面向 SDGs 的农业灰水足迹指标

当前许多学者结合 SDGs 开展了对区域或流域的水土资源评估。如程清平等基于 SDGs 与相关的美丽中国评价指标构建了黑河流域水资源承载力指标体系与评价模型，并从县域尺度对该流域水资源承载力进行了综合评估（Piet, et al., 2017）。周伟等从水土资源对 SDGs 实现的贡献度层面，构建了西部水土资源发展可持续性评价的指标体系，选取评价方法，综合评估了西部水土资源（Wang Yiding, et al., 2022）。

塔里木河流域种植业的氮肥与畜牧业畜禽粪便的总氮排放造成的地表和地下水质污染与可持续发展 SDG 6 水和环境卫生目标相关联。农业灰水足迹强度所表示的农业污染压力以及农业灰水足迹效率所表示的农业生产发展程度都与 SDG 2 可持续农业相关联。本书结合 SDGs 具体目标，根据农业灰水足迹及相关指标与 SDG 2、SDG 6 的关联性建立评价指标，如表 4-2 所示。本书涉及的农业灰水足迹指标并不是 SDG 2、SDG 6 实现的必要条件，而是对实现 SDGs 的贡献评估。

表 4-2 面向 SDGs 的农业灰水足迹指标及属性

指标	计算方法	指标含义	对应 SDGs 目标	基于 SDGs 目标可持续
种植业灰水足迹	$GWF_{pla} = \dfrac{\alpha \cdot Appl}{(c_{\max} - c_{nat})}$	种植业总氮排放所造成的地下水污染	水和环境卫生（SDG 6）	稀释水体中种植业氮元素污染所需要的淡水体积，表示水体的污染程度
畜牧业灰水足迹	$GWF_{bre} = \dfrac{TN_{bre}}{c_{\max} - c_{nat}}$	畜牧业总氮排放所造成的地下水污染	水和环境卫生（SDG 6）	稀释水体中畜牧业氮元素污染所需要的淡水体积，表示水体的污染程度
农业灰水足迹	$GWF_{agr} = GWF_{pla} + GWF_{bre}$	农业总氮排放所造成的地下水污染	水和环境卫生（SDG 6）	稀释水体中农业氮元素污染所需要的淡水体积，表示水体的污染程度
农业灰水足迹强度	$int = \dfrac{GWF_{agr}}{land}$	单位耕地面积污染量	可持续农业（SDG 2）	农业面源污染压力
农业灰水足迹效率	$eff = \dfrac{GDP_{agr}}{GWF_{agr}}$	农业生产发展程度	可持续农业（SDG 2）	农业可持续发展水平

（三）数据来源

本书选取了 2000 年、2010 年、2020 年 3 期 Landsat TM／ETM 系列遥感影像数据（时段为植被覆盖度较高的 6~10 月，云量均<10%），影像来源于中国科学院资源环境科学与数据中心（https：//www. resdc. cn/）。利用 ENVI 5.3 软件对 3 期遥感影像数据进行辐射定标、大气校正、拼接、裁剪等预处理，并参照《土地利用现状分类标准》（GB/T 21010-2015），结合研究区实际景观类型及遥感影像特点等，将研究区土地利用类型划分成林地、草地、灌木丛、湿地、水域、耕地、人造表面、裸地、冰川和永久积雪 9 种类型，利用 Kappa 系数对解译后的土地利用类型分类数据进行精度验证，3 期分类土地利用类型数据的 Kappa 系数均在 0.85 以上，符合分类要求。

耕地氮肥折纯施用量、畜禽数量、耕地面积、农业生产总值来源于 2007~2021 年的《新疆统计年鉴》和《新疆生产建设兵团统计年鉴》；畜禽粪便尿液的排泄系数、畜禽粪便与尿液的全氮系数、畜禽粪便与尿液的流失率均来源于《全国规模化畜禽养殖业污染情况调查及防治对策》中的相关数据（Ye，et al.，2009）。通过查阅相关学者的研究成果（Critto，et al.，2007；Wang Yiding，et al.，2022；Feng Meiqing，et al.，2022），将氮肥淋溶率 α 取值为 10.00%；最大容许浓度 c_{max} 取值为 0.01kg/m^3；污染物受纳水体的自然本体浓度 c_{nat} 取值为 0。

二　结果分析

（一）土地利用变化分析

对塔里木河流域 2000~2020 年土地利用类型变化进行分析（见图 4-2、图 4-3），就各景观类型面积发生的变化而言，耕地、林地、灌木丛、湿地、水体和人造表面呈增加趋势，增加的面积分别为 12130.28 平方千米、2416.54 平方千米、43.32 平方千米、4103.79 平方千米、3331.23 平方千米、2330.87 平方千米，其占总面积的比例分别从 3.62% 增加至 4.77%，从 0.19% 增加至 0.42%，从 0.50% 增加至 0.51%，从 0.31% 增加至 0.70%，从 0.49% 增加至 0.80%，从 0.09% 增加至 0.31%（见表 4-3），增长率（增长面积/初期面积）分别为 31.84%、118.56%、0.82%、126.00%、65.17%、237.84%。显然，面积增加最多的地类是耕地，而增长率最高的地类是人造表面，这反映了研究时段内该区域人类活动日益活跃，其中农业发展十分迅猛。草地、裸地、冰川和永久积雪呈现一定的减少状态，减少的面积分别是 638.04 平方千米、18933.94 平方千米、4784.78 平方千米，其占总面积的比例分别从 19.00% 减少至 18.94%，从 72.49% 减少至 70.69%，从 3.31% 减少至 2.86%，缩减率（缩减面积/初期面积）分别为 0.32%、2.48% 和 13.71%。显然，缩减率最高的地类是冰川和永久积雪，这从侧面反映了作为生态脆弱区的塔里木河流域对气候变化产生了剧烈响应，由于该流域内的河流水源来自高山冰雪融水，冰川和永久积雪的减少可能加剧水资源短缺。

图 4-2 2000~2020 年塔里木河流域土地利用类型结构变化

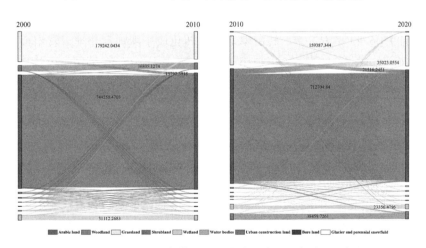

图 4-3 2000~2020 年塔里木河流域土地利用类型面积变化

表4-3　各景观类型面积占总面积比例

单位：%

景观类型	占比	
	2000 年	2020 年
耕地	3.62	4.77
林地	0.19	0.42
草地	19.00	18.94
灌木丛	0.50	0.51
湿地	0.31	0.70
水体	0.49	0.80
人造表面	0.09	0.31
裸地	72.49	70.69
冰川和永久积雪	3.31	2.86

基于 ArcGIS 软件对相邻两期分类后影像进行叠加分析，获得塔里木河流域 2000~2020 年土地利用类型转移矩阵。对土地利用类型转化过程进行分析，可以看出各景观类型在 20 年中发生了较为明显的相互转化。具体表现在耕地、林地、灌木丛、湿地、水体、人造表面以转入为主，草地、冰川和永久积雪、裸地的面积以转出为主。其中转入面积最多是耕地，转入量为 13299.32 平方千米，主要由草地和裸地转入，转入量分别为 4780 平方千米、8519.32 平方千米；转出面积最多的是草地，转出量为 9706.43 平方千米，转出草地主要转化成了裸地和耕地，转出面积分别是 2285.54 平方千米、4780.38 平方千米，在这 20 年间面积总量上增减幅度较大的是耕地和草地，其他土地利用类型之间也产生了不同程度的转化。

（二）流域景观生态风险时空变化分析

1. 景观格局指数的时序变化

统计发现，2000~2020 年塔里木河流域总体 ERI 值由 0.134 下降至 0.119，且流域各时期 ERI 最小值和均值都呈现下降趋势，说明研究期内流域景观生态风险整体呈现降低趋势。从各景观斑块面积和数目转化上以及景观的破碎度、分离度、损失度指数等指标变化上可以看出，在这 20 年间塔里木河流域景观生态风险演变较为剧烈（见表4-4）。

表4-4 2000~2020 年塔里木河流域景观生态风险指数

景观类型	年份	斑块个数	面积(平方千米)	破碎度指数	分离度指数	优势度指数	干扰度指数	脆弱度指数	损失度指数
耕地	2000	7225	38099.66	0.1896	1.1451	0.0876	0.4559	0.1111	0.0507
	2010	8052	41676.19	0.1932	1.1051	0.0959	0.4473	0.1111	0.0497
	2020	9324	50229.94	0.1856	0.9867	0.1060	0.4100	0.1111	0.0456
林地	2000	18851	2038.16	9.2490	34.5767	0.0324	15.0040	0.0444	0.6668
	2010	22362	4043.25	5.5307	18.9837	0.0412	8.4687	0.0444	0.3764
	2020	20434	4454.70	4.5871	16.4707	0.0449	7.2437	0.0444	0.3219
草地	2000	466611	200277.44	2.3298	1.7507	0.4148	1.7731	0.1333	0.2364
	2010	377141	192878.51	1.9553	1.6343	0.3899	1.5459	0.1333	0.2061
	2020	312003	199639.40	1.5628	1.4361	0.3963	1.2915	0.1333	0.1722
灌木丛	2000	170162	5297.92	32.1186	39.9651	0.1327	28.0754	0.1556	4.3673
	2010	236913	6590.57	35.9473	37.9077	0.1756	29.3811	0.1556	4.5704
	2020	191282	5341.24	35.8123	42.0291	0.1695	30.5488	0.1556	4.7520
湿地	2000	4265	3256.92	1.3095	10.2922	0.0491	3.7522	0.0889	0.3335
	2010	3869	3565.53	1.0851	8.9543	0.0501	3.2389	0.0889	0.2879
	2020	7922	7360.71	1.0763	6.2066	0.0664	2.4134	0.0889	0.2145
水体	2000	46478	5111.62	9.0926	21.6481	0.1493	11.0706	0.0667	0.7380
	2010	47514	6494.06	7.3165	17.2286	0.1490	8.8566	0.0667	0.5904
	2020	33386	8442.85	3.9544	11.1083	0.1439	5.3385	0.0667	0.3559
人造表面	2000	3346	980.00	3.4143	30.2964	0.0429	10.8046	0.0222	0.2401
	2010	4339	1243.65	3.4889	27.1866	0.0455	9.9095	0.0222	0.2202
	2020	10201	3310.87	3.0811	15.6580	0.0674	6.2514	0.0222	0.1389
裸地	2000	215517	763869.81	0.2821	0.3119	0.6665	0.3679	0.1778	0.0654
	2010	173395	764593.75	0.2268	0.2795	0.6584	0.3289	0.1778	0.0585
	2020	163938	744935.87	0.2201	0.2790	0.6550	0.3247	0.1778	0.0577
冰川和永久积雪	2000	26626	34898.88	0.7629	2.3999	0.0871	1.1189	0.2000	0.2238
	2010	24092	32745.08	0.7357	2.4330	0.0859	1.1149	0.2000	0.2230
	2020	19836	30114.10	0.6587	2.4006	0.0850	1.0665	0.2000	0.2133

就景观生态风险指数变化来看，水体和裸地除脆弱度指数外，其他指数均呈现减小趋势。水体的变化呈现一定复杂趋势，一方面斑块个数在显著减少，景观面积在显著增加，破碎度指数在显著减少，说明水体呈现地表面积增加且水系在地表间联系加强的趋势；另一方面，优势度和脆弱度指数没有出现显著的变化，说明塔里木河流域水体稳态向好趋势并不显著。裸地的斑块个数减少显著，景观面积略有减少，其他景观生态风险指数变化不大，说明在整个区域占比最大的裸地处于稳态均衡状态。耕地和人造表面优势度指数呈现增大趋势，分离度、干扰度和损失度指数呈现减小趋势，这与耕地和人造表面斑块数量和景观面积的迅速增长有关，反映了塔里木河流域人类活动的快速发展。林地、湿地和草地除优势度指数有所变化外，其他指数均呈现减少趋势，其中林地和湿地优势度指数呈现增大趋势，草地优势度指数下降后略有上升，说明林地、湿地和草地景观受其他因素的干扰逐渐减少。灌木丛斑块个数和景观面积出现先快速增加后有一定程度减少的趋势，灌木丛景观破碎度、分离度和优势度指数均呈现波动趋势，说明灌木丛景观在这一时期受到一定程度的扰动。冰川和永久积雪的斑块个数和景观面积变少趋势明显，其他景观生态风险指数除脆弱度指数外均呈现减小趋势，但变化不大，冰川的消融对整个区域生态系统稳定的影响较大，需要持续关注。

从总体趋势上看，景观破碎度指数由大到小依次为灌木丛、林地、水体、人造表面、草地、湿地、冰川和永久积雪、裸地、耕地，灌木丛、林地和水体面积较小且分布较为分散，破碎度指数较高；与之相反，草地、冰川和永久积雪、裸地、耕地面积较大且集中，呈面状分布，破碎度指数较低。灌木丛、林地和水体的损失度指数较高，说明灌木丛、林地和水体生态系统受到干扰的损失程度较高，而这三者对该区域生态系统稳定的影响较大，即在自然和人类活动干扰加大的情形下，塔里木河流域生态系统将变得更加不稳定，生态风险抗干扰能力较弱。

2. 景观生态风险的空间分异及其格局变化

从塔里木河流域不同时期各景观生态风险等级面积变化情况可以看出，各时期各景观生态等级所占面积比例存在一定差异（见图4-4）；2000～2020年塔里木河流域景观生态以低、较低和中风险为主，较高和高风险次之（见图 4-5）。研究期内低和中风险区面积在增加，分别增加了 89282.4785 平方千米、49172.9382 平方千米，合计占总面积的 13.14%；较低、较高、高风险区面积分别减少了 15315.0658 平方千米、35701.0779 平方千米、87439.7511 平方千米，合计占总面积的 13.14%；低风险区面积逐渐增加，而高风险区面积逐渐减少，流域整体景观生态风险指数呈现减小趋势；总体而言，在这 20 年间塔里木河流域整体景观生态风险处于好转状态。

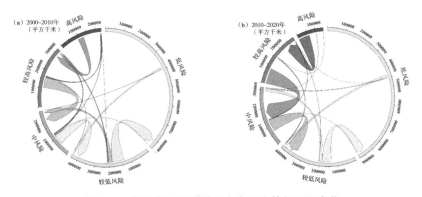

图 4-4　塔里木河流域景观生态风险等级面积变化

图 4-5　2000~2020 年塔里木河流域景观生态风险等级空间分布

2000~2010 年，塔里木河流域低风险区、中风险区面积占比分别从 37.50%、12.13% 上升至 42.73%、13.16%，较低风险区、较高风险区和高风险区则分别从 22.16%、16.05%、12.16% 下降至 19.36%、14.88%、9.86%。但此期间对各风险区来说，空间分布格局上发生的变化较小；较高和高风险区主要分布在研究区南部的昆仑山山脉和北部的天山山脉。

2010~2020 年，塔里木河流域低风险区、较低风险区、中风险区面积占比分别从 42.73%、19.36%、13.16% 上升至 45.97%、20.70%、16.80%，较高风险区和高风险区则分别从 14.88%、9.86% 下降至 12.66%、3.86%。这一时期，塔里木河流域的生态风险出现明显下降，从空间格局上来看，流域东北部和西南部的风险下降程度最大。

为了更好地研究流域景观生态风险等级之间的转化，借助景观生态风险转移矩阵分析各等级风险区的变化情况（见表 4-5），总体来说 2000～2020 年，低风险和中风险区面积呈增加趋势，较高风险区和高风险区面积呈现减少趋势。较低风险区存在波动，但最终在总量上变化较小；低风险区和较低风险区之间的转换、较低风险区和中风险区之间的转换、高风险区和较高风险区之间的转换较为明显。这 20 年间，有 91884.2625 平方千米的高风险区等级下降了，占研究区面积的 8.71%；有 130989.9107 平方千米的较高风险区等级下降了，占研究区面积的 12.41%；较低风险转为低风险的速率最高，转换率为 5144.0907 平方千米/年，其次是较高风险转为中风险，转换率为 4994.4765 平方千米/年。

表 4-5　2000～2020 年塔里木河流域景观生态风险转移矩阵

转移类型	2000～2010 年		2010～2020 年		2000～2020 年	
	转换面积（平方千米）	转换速率（平方千米/年）	转换面积（平方千米）	转换速率（平方千米/年）	转换面积（平方千米）	转换速率（平方千米/年）
12	10507.2183	1050.7218	12878.3449	1287.8345	14656.0138	732.8007
13	836.5737	83.6574	5493.8893	549.3889	2043.7620	102.1881
14	0.00	0.00	0.8295	0.0829	0.3424	0.0171
15	0.00	0.00	0.00	0.00	0.00	0.00
21	66485.4202	6648.5420	52495.8497	5249.5850	102881.8146	5144.0907
23	20680.3863	2068.0386	17058.7212	1705.8721	32960.3620	1648.0181
24	7106.5569	710.6557	991.6397	99.1640	4419.5068	220.9753
25	212.9120	21.2912	0.00	0.00	25.4144	1.2707
31	13.3122	1.3312	2.2895	0.2289	3099.1901	154.9595
32	53562.8879	5356.2888	67294.0205	6729.4020	82438.2636	4121.9132
34	11437.6307	1143.7631	2530.8374	253.0837	6689.5348	334.4767
35	2312.0197	231.2020	0.00	0.00	1198.1217	59.9061
41	0.00	0.00	0.00	0.00	0.00	0.0000
42	921.9860	92.1986	4545.0646	454.5065	27873.2119	1393.6606
43	56647.9724	5664.7972	85295.1392	8529.5139	99889.5293	4994.4765
45	6892.5975	689.2598	0.0664	0.0066	3227.1695	161.3585

续表

转移类型	2000~2010年		2010~2020年		2000~2020年	
	转换面积（平方千米）	转换速率（平方千米/年）	转换面积（平方千米）	转换速率（平方千米/年）	转换面积（平方千米）	转换速率（平方千米/年）
52	0.00	0.00	0.00	0.00	0.0770	0.0039
53	0.00	0.00	317.5856	31.7586	7704.0363	385.2018
54	33600.7735	3360.0774	62919.9519	6291.9952	84180.1492	4209.0075

注：转移类型数字分别代表如下含义，12：低风险→较低风险，13：低风险→中风险，14：低风险→较高风险，15：低风险→高风险，21：较低风险→低风险，23：较低风险→中风险，24：较低风险→较高风险，25：较低风险→高风险，31：中风险→低风险，32：中风险→较低风险，34：中风险→较高风险，35：中风险→高风险，41：较高风险→低风险，42：较高风险→较低风险，43：较高风险→中风险，45：较高风险→高风险，52：高风险→较低风险，53：高风险→中风险，54：高风险→较高风险。

（三）面向SDGs的塔里木河流域农业灰水足迹时空分布

1. 农业灰水足迹的时序变化

2006年以来，塔里木河流域农业灰水足迹整体处于下降趋势，如图4-6所示，表明流域内水环境质量得到进一步改善，主要是由于氮肥以及畜牧养殖业中的总氮污排放量有所下降，减少了对流域内地下水环境的污染。

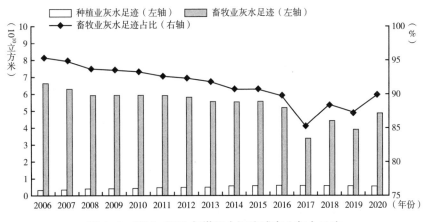

图4-6 2006~2020年塔里木河流域农业灰水足迹

在对塔里木河流域农业灰水足迹的时序变化进行深入分析时，我们观察到了一系列重要的发展趋势和变化。2006 年，该流域的农业灰水足迹达到了研究期间的峰值，为 $6.63×10^{10}$ 立方米，其中畜牧业灰水足迹占据了主导地位，占总灰水足迹的 95.4%。这一数据高点反映了当时农业生产活动对水资源的需求巨大，特别是畜牧业在其中所占的比重，凸显了畜牧业对水资源消耗的重大影响。

值得注意的是，到了 2017 年，塔里木河流域的农业灰水足迹显著下降至 $3.96×10^{10}$ 立方米，同时畜牧业灰水足迹也降低到最低值 $3.37×10^{10}$ 立方米，占比 85.10%。这一变化表明，在这一时期内，塔里木河流域的农业生产模式和水资源利用效率经历了显著改进，尤其是在畜牧业领域，水资源的利用更趋合理和可持续。进一步观察 2006 ~ 2016 年，我们发现种植业灰水足迹呈现缓慢上升的趋势，而蓄牧业灰水足迹则呈现缓慢下降的趋势，数值变化稳定在 $0.32×10^{10}$ ~ $0.59×10^{10}$ 立方米。这一趋势的变化反映了种植业水资源管理和利用逐步改进，以及对水资源的保护意识增强。值得强调的是，畜牧业灰水足迹的变化趋势与农业灰水足迹的总体变化趋势高度一致，这一现象再次证明了畜牧业在塔里木河流域农业灰水足迹中占据了主导地位。这种情况强调了在塔里木河流域水资源管理和农业生产实践中，需要特别关注畜牧业的水资源利用和效率提升，以确保水资源的可持续利用，进而支持区域绿色发展目标的实现。总体而言，塔里木河流域农业灰水足迹的时序变化揭示了该区域在水资源管理和农业生产实践中所经历的重要转变。通过持续的努力和创新，特别是畜牧业和种植业领域水资源利用效率提升，塔里木河流域正逐步向水资源的可持续利用和保护方向迈进，为实现联合国可持续发展目标（SDGs）提供了宝贵的经验和示范。

自 2006 年起，塔里木河流域农业灰水足迹呈现了显著递减趋势，并在 2017 年达到了其最低点。这一变化趋势与牛、骆驼、马等大型牲畜养殖数量的减少密切相关，这些动物因其较强大的粪便排泄系数而对水资源质量构成较大影响。从 2006 年开始，这类牲畜的养殖数量开始逐年下降，直至 2017 年之后，其数量虽有所波动，但整体上呈现上升的趋势。这一现象表明，畜牧业是塔里木河流域农业灰水足迹变化的重要因素之一。

在此背景下，为了响应联合国可持续发展目标（SDGs）中关于水和环境卫生的目标 GDG 6.3 改善水质标准，中国政府在 2015 年发布了《水污染防治行动计划》。随后，新疆维吾尔自治区也积极出台了相应的水污染防治工作方案，旨在落实水环境质量的改善要求。这些政策和措施的实施，极大推进了农业污染的防治工作，尤其是针对农业面源污染的改善，为塔里木河流域内农业水污染的大幅度改善奠定了坚实基础。

2016~2020 年，得益于上述政策措施的实施，塔里木河流域内农业水污染问题得到了显著改善。这不仅体现在农业灰水足迹的减少上，更重要的是，这一改善趋势反映了该流域在水资源管理和农业生产实践中取得的重要进步。通过优化畜牧业结构、加强农业面源污染控制以及实施水污染防治措施，塔里木河流域在保障水资源质量和推动绿色发展方面取得了显著成效。总的来说，塔里木河流域农业灰水足迹的时序变化及其背后的原因，不仅凸显了畜牧业对水资源质量的重要影响，也展示了政府及社会各界在实现水环境质量改善方面所做出的努力。这些成就不仅对实现 SDG 6 具有重要意义，也为其他地区提供了宝贵的经验和参考，有助于进一步推动水资源的可持续利用和保护。

在塔里木河流域，农业灰水足迹的构成分析揭示了一个显著的现象：畜牧业灰水足迹在总体农业灰水足迹中所占的比重极为重要，年均占比达91.3%，而种植业灰水足迹的占比较小，仅为 8.7%。这一数据反映了流域内农业灰水足迹的结构存在一定的不合理性，其中畜牧业成为农业灰水足迹的主导来源。这主要与近年来该流域畜牧业的快速发展有关，畜禽养殖的总量较大，导致了较为严重的畜禽粪便污染排放问题。因此，对塔里木河流域而言，调整农业结构，特别是畜牧业结构，成为改善水环境质量的关键。引入更加环保的畜牧业技术，减小畜牧业对水资源的压力，同时增强种植业的可持续性，如推广节水灌溉技术和合理使用化肥，都是实现水资源可持续利用和保护的有效途径。此外，加强农业面源污染的监管和治理，提高农业生产的整体水资源利用效率，对塔里木河流域实现绿色发展和水资源可持续管理具有重要意义。

2. 农业灰水足迹空间格局变化

自 2012 年国务院颁布《关于实行最严格水资源管理制度的意见》以来，我国在水资源管理方面迈出了坚实的步伐。这一政策的实施，标志着我国水资源管理进入了一个新的阶段，特别是在提高用水效率、加强水资源开发利用控制以及加强水功能区限制纳污方面取得了显著成效。这些措施对塔里木河流域的水资源管理产生了深远影响，尤其是在农业灰水足迹的控制和优化上。本书选择 2012 年作为分界线，旨在通过对比分析 2012 年前后塔里木河流域农业灰水足迹的时空格局变化，揭示政策实施的效果以及农业生产对水资源利用效率的影响。

2006~2011 年，塔里木河流域年均农业灰水足迹为 6.50×10^{10} 立方米，其中贡献率最高的三个区域分别为喀什地区、和田地区和阿克苏地区，喀什地区年均农业灰水足迹为 2.60×10^{10} 立方米，占比 40%；和田地区年均农业灰水足迹约为 1.25×10^{10} 立方米，占比约 19.19%；阿克苏地区年均农业灰水足迹约为 1.24×10^{10} 立方米，占比约 19.03%，三个区域占比总和为 78.22%（见图 4-7）。2012~2020 年，塔里木河流域年均农业灰水足迹为 5.47×10^{10} 立方米，相比于 2006~2011 年有所降低。其中，种植业灰水足迹增加了 1.60×10^{9} 立方米，畜牧业灰水足迹下降了 1.19×10^{10} 立方米。特别是在 2012~2017 年，农业灰水足迹的下降幅度更为显著。这一变化与党的十八大以来国家"大力推进生态文明建设"的战略决策密切相关，新疆地区在这一时期加强了对水资源的管理，农业水污染得到了显著改善。此外，这一时期，新疆地区在农业生产中采取了多项措施，例如，推广节水灌溉技术，优化作物种植结构，提高农业生产的综合效率等，都对减少灰水足迹产生了积极影响。同时，新疆地区还加大了对农业面源污染的治理力度，通过实施农业污水处理和循环利用项目，减少农业生产对水资源的污染。值得注意的是，尽管整体趋势向好，但塔里木河流域农业灰水足迹的减少也面临着不少挑战。例如，气候变化对水资源的可用性产生影响，以及农业生产中水资源管理和利用不均衡等，都是需要进一步关注和解决的问题。

2012~2020 年，对流域内灰水足迹贡献率最高的三个区域分别为喀什地区、阿克苏地区和和田地区，喀什地区年均农业灰水足迹为 2.15×10^{10}

立方米，占比 39.35%，阿克苏地区年均农业灰水足迹为 1.17×10^{10} 立方米，占比 21.34%，和田地区年均农业灰水足迹为 8.24×10^9 立方米，占比 15.08%，共计占比为 75.77%（见图 4-8）。

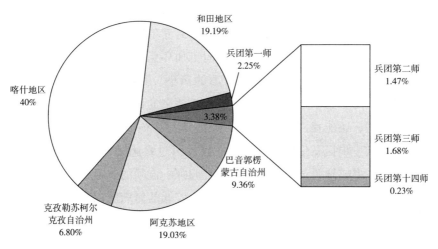

图 4-7　2006~2011 年塔里木河流域各地区农业灰水足迹占比

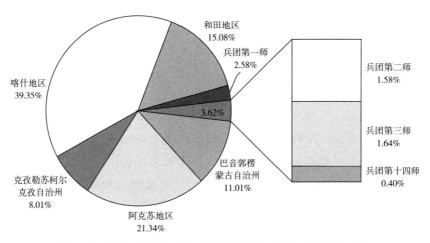

图 4-8　2012~2020 年塔里木河流域各地区农业灰水足迹占比

　　喀什地区的农业灰水足迹问题一直是塔里木河流域水资源利用效率与绿色发展研究的一个重点。该地区的农业灰水足迹之所以居高不下，主要与其农业生产模式密切相关。喀什地区氮肥施用量大，牛、马等大型畜牧养殖数量众多，尤其是这些大型畜牧动物的粪便排放，对水质造成了较大的污染。这种情况直接影响了该地区在实现可持续发展目标6（SDG 6），即确保水和环境卫生的可持续管理与使用方面的贡献率。为了有效改善喀什地区的农业灰水足迹，需要采取多管齐下的策略。首先，加强农业面源污染的治理，包括对畜禽养殖规模与结构进行合理调整。减少对大型畜牧动物的依赖，转向更加环保的养殖模式，可以显著降低粪便排放量，从而减少对水资源的污染。其次，优化作物种植结构，优先种植那些化肥施用量小且经济效益高的作物，这样不仅能减少化肥的使用，还能提高农业生产的经济效益。最后，推广测土配肥技术，可以进一步提高化肥的利用率，减少因过量施肥造成的水质污染。与喀什地区形成鲜明对比的是兵团第十四师。该师的农业灰水足迹占比最小，这主要得益于其较小的耕地面积、较低的氮肥施用量以及较小的畜牧养殖总量。这一实践证明了通过合理规划耕地面积、控制化肥施用量和调整畜牧养殖结构，可以有效降低农业灰水足迹，对塔里木河流域其他地区具有重要的借鉴意义。

与2006~2011年相比，2012~2020年平均农业灰水足迹数值上升的区域为巴音郭楞蒙古自治州与兵团第十四师两个地区，这一变化揭示了塔里木河流域内部地区之间农业活动对水资源利用效率和环境影响的差异性。具体而言，巴音郭楞蒙古自治州和兵团第十四师的农业灰水足迹增加，可能反映了这些地区农业生产强度提高、灌溉效率不足或是农业面源污染控制措施不到位。其余七个地区年均农业灰水足迹数值均处于下降状态。此外，年均农业灰水足迹占比提高的地区分别为巴音郭楞蒙古自治州、阿克苏地区、克孜勒苏柯尔克孜自治州、兵团第一师、第二师和第十四师，这一现象表明，尽管这些区域的总体灰水足迹可能有所下降，但在塔里木河流域农业面源污染总体结构中，它们的相对贡献度却有所增加。这可能与这些区域的农业生产模式、作物种植结构、灌溉技术的应用以及污染防控措施的执行力度有关。为了深入理解这一现象，需要进一步分析影响农业灰水足迹变化的多种因素，包括但不限于气候变化、水资源分配政策、农业技术的进步、作物种植结构的调整以及环境保护措施的实施等。特别是在气候变化对水资源可用性产生越来越大影响的背景下，通过科学的水资源管理和农业生产实践，有效控制和减少农业灰水足迹，成为塔里木河流域实现水资源利用效率提升和绿色发展目标的关键。此外，提高农业水资源利用效率和减少农业面源污染的策略，如采用节水灌溉技术、优化作物种植结构、推广生态农业实践等，都是值得考虑的方向。这些措施可以在保障农业生产的同时，减少对水资源的压力，促进塔里木河流域的可持续发展。

2006～2011 年塔里木河流域年均畜牧业灰水足迹占农业灰水足迹的比例为 93.90%，这一比例在喀什地区、和田地区以及阿克苏地区尤为显著，这些地区的畜牧业灰水足迹超过了年均值。这一数据反映了在该时期，塔里木河流域的农业水资源利用主要受畜牧业活动的影响，特别是大量的畜牧养殖对水资源产生了巨大压力，加剧了农业面源污染问题。2012～2020 年平均畜牧业灰水足迹占农业灰水足迹比例有所降低，为 89.57%，喀什地区、和田地区和阿克苏地区依然是畜牧业灰水足迹超过年均值的地区，巴音郭楞蒙古自治州也加入了这一行列。这一变化主要得益于流域内畜牧业养殖结构的调整，特别是 2015 年之后大牲畜养殖数量显著减少，有效降低了畜牧业灰水足迹，从而改善了流域的农业面源污染状况。这种变化不仅体现了塔里木河流域在畜牧业结构调整方面取得了成效，也反映了该地区对水资源管理和农业可持续发展重视程度提升。通过减少对大型牲畜养殖的依赖，优化畜牧业结构，塔里木河流域在减轻对水资源的压力、降低农业面源污染方面迈出了重要步伐。进一步讲，这一结构调整的实施，不仅有助于提高水资源的利用效率，而且为流域内的生态环境保护提供了支撑。随着畜牧业灰水足迹的降低，相关地区的水质状况有望得到改善，这对保障塔里木河流域的生态平衡和促进绿色发展具有重要意义。未来，塔里木河流域在继续推进畜牧业结构调整的同时，还需要进一步探索和实施更多高效节水技术和管理措施，如提升灌溉效率、推广水肥一体化技术等，以实现农业生产的可持续发展。通过这些综合措施的实施，塔里木河流域将能够更好地应对水资源短缺的挑战，推动区域内的绿色发展和生态文明建设。

（四）面向 SDGs 的塔里木河流域农业灰水足迹强度变化

1. 塔里木河流域农业灰水足迹强度的时序分布

农业灰水足迹强度是衡量流域内单位耕地面积所产生的污染量的重要指标，它通过计算种植业化肥总氮流失与畜牧业总氮排放量来反映农业活动对环境的影响程度。具体来说，这一指标的数值越大，意味着相应地区的农业污染程度越高，对水资源和生态系统的压力也越大。2006~2020年，塔里木河流域的农业灰水足迹强度总体上表现为下降趋势（见图4-9），这一变化揭示了该地区在农业污染控制和水资源管理方面取得良好进展。这一下降趋势的形成，可以归因于多方面因素。首先，政策制定者和农业生产者越来越意识到水资源短缺的严峻性以及农业污染对环境的负面影响，因此采取了一系列措施来减少化肥和农药的使用，提高了农业生产的环境友好性。其次，随着节水灌溉技术的推广和应用，以及农业生产方式的优化，如作物轮作和精准施肥等，有效减少了化肥和农药的流失，从而降低了农业灰水足迹强度。最后，塔里木河流域在推进农业绿色发展方面也采取了积极措施。例如，引入和推广生态农业实践，如发展有机农业、生态畜牧业等，不仅减少了对化肥和农药的依赖，还提升了农业生态系统的自我调节能力，增强了农业生产对环境变化的适应性。这些综合措施共同作用，有效推动了塔里木河流域农业灰水足迹强度的持续下降。尽管塔里木河流域在减小农业灰水足迹强度方面取得了显著成效，但仍面临诸多挑战。例如，如何在保障农业产量和质量的同时，进一步降低农业对水资源的压力；如何在不断变化的气候条件下，持续优化水资源管理和农业生产实践，以适应未来可能的环境变化；等等。因此，未来的工作需要在现有基础上，进一步深化对农业水资源管理和污染控制的研究，探索更为高效、可持续的农业生产和水资源利用策略，促进塔里木河流域的绿色发展和生态文明建设。

2006~2017 年塔里木河流域农业所产生的面源污染有所下降，由 2006 年的最高值 4.48×10^4 立方米/公顷，下降至 2017 年的最低值 1.68×10^4 立方米/公顷，下降幅度为 62.5%。这主要得益于塔里木河流域内畜牧养殖业结构的调整，流域内畜牧养殖总量虽呈现小幅度的波动上升，但粪便排泄

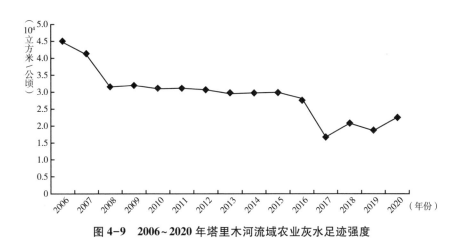

图 4-9　2006～2020 年塔里木河流域农业灰水足迹强度

量较大的马、驴、牛、骆驼等大型牲畜的存栏数量由 2006 年的 3.52×10⁶
头减少到 2019 年 1.80×10⁶ 头，下降了 48.86%。而羊、猪等小型牲畜存
栏数上升较小，增幅仅为 5.93%，对流域内农业灰水足迹的整体变化趋势
影响较小。种植业单位耕地面积氮肥折纯施用量在 2008～2016 年呈现上
升趋势，由 2008 年的 198.23 千克/公顷上升到 2016 年的 288.73 千克/公
顷，上升幅度为 45.65%，2016～2020 年呈现下降趋势。种植业灰水足迹
在塔里木河流域农业灰水足迹中所占比例远小于畜牧业灰水足迹，因此塔
里木河流域农业灰水足迹依然呈现下降趋势。这可能是由于种植业采取了
更为环保的施肥方法和作物管理措施，如精准施肥和改良作物轮作制度，
从而减少了氮肥的施用量和流失。尽管种植业灰水足迹在塔里木河流域农
业灰水足迹中所占比例较小，但这一下降趋势仍然对整体农业灰水足迹的
减少起到了积极作用。

　　为实现联合国可持续发展目标（SDG 2）中关于可持续农业发展的目
标，中国制定并实施了《全国农业可持续发展规划（2015-2030 年）》，
旨在通过一系列具体措施和政策，促进农业生产体系的可持续性。新疆作
为该规划的积极响应者，采取了多项措施来实现农业生产的可持续发展，
特别是在防治农田污染、提高化肥利用效率以及综合治理养殖污染方面做
出了显著努力。在防治农田污染方面，新疆推广了测土配方施肥技术，通
过科学的方法确定作物所需肥料的种类和数量，以减少化肥的过量使用和

流失。在提高化肥利用效率方面，鼓励农户使用有机肥料替代化肥，这不仅提高了化肥的利用效率，还有助于提升土壤的肥力和生态环境质量。在综合治理养殖污染方面，新疆采取了一系列措施，将畜禽粪便处理向资源化和无害化方向转变。通过推广畜禽粪便的生物发酵、堆肥等技术，将其转化为高质量的有机肥料，既解决了畜禽粪便污染问题，又提高了农业生产的循环利用水平。此外，通过实施严格的环保标准，逐步实现了畜禽粪便的生态消纳和达标排放，减少了农业生产对水体的污染。自2016年以来，这些措施显著降低了塔里木河流域农业面源污染，农业灰水足迹强度得到了有效控制。这不仅表明新疆在实现SDG 2.4可持续粮食生产体系目标方面取得了积极进展，也体现了该地区在推进农业绿色发展、提升水资源利用效率方面的决心和成效。这些经验和做法对指导其他地区实现农业可持续发展、保护生态环境和实现水资源的可持续利用具有重要参考价值。

2. 农业灰水足迹强度的空间格局变化

2006~2011年塔里木河流域农业灰水足迹强度均值为$3.53×10^4$立方米/公顷，克孜勒苏柯尔克孜自治州农业灰水足迹强度最高，为$1.05×10^5$立方米/公顷，兵团第一师农业灰水足迹强度数值最低，为$9.39×10^4$立方米/公顷。根据农业灰水足迹强度的最高值与最低值之间的区间范围，本书进一步将农业面源污染程度划分为五个等级：重度、中重度、中度、中轻度与轻度。这种划分不仅便于识别不同区域的污染程度，而且有助于制定更为有针对性的水资源管理和污染控制措施。克孜勒苏柯尔克孜自治州因其最高的农业灰水足迹强度被划分为重度污染区；和田地区则因较高的污染强度被划分为中重度污染区；喀什地区的农业灰水足迹强度位于中等水平，因此被归类为中度污染区；相对而言，兵团第一师、第二师、第三师、第十四师、巴音郭楞蒙古自治州和阿克苏地区的农业灰水足迹强度较低，被认定为轻度污染区（见图4-10）。这种基于农业灰水足迹强度的污染区划分，不仅揭示了塔里木河流域不同区域农业生产对水资源的影响差异，而且为制定区域化的水资源管理策略提供了科学依据。例如，对于重度和中重度污染区，需要优先考虑采取水资源节约和污染减排措施，如改进灌溉技术、推广节水作物品种、优化农业结构等，以降低这些区域的农

业灰水足迹强度；对于中度及以下污染区，则可以通过持续监测和适度
调整农业生产活动，防止水资源污染的进一步恶化。通过这样的分类和
针对性措施，可以有效促进塔里木河流域的水资源利用效率提升和绿色
发展。

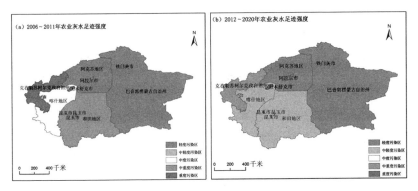

图 4-10　塔里木河流域农业灰水足迹强度空间格局

注：由于新疆生产建设兵团部分团场比较分散，在地图上分别以阿拉尔市、铁门
关市、图木舒克市和昆玉市代表第一、二、三和十四师。

2012～2020 年塔里木河流域农业灰水足迹强度均值为 $2.52×10^4$ 立方
米/公顷，相比 2006～2011 年下降了 28.61%；克孜勒苏柯尔克孜自治州
农业灰水足迹强度依然最高，为 $8.02×10^4$ 立方米/公顷，相比 2006～2011
年下降了 23.62%；兵团第一师农业灰水足迹强度最低，为 $8.10×10^4$ 立方
米/公顷，相比 2006～2011 年下降了约 13.74%。根据上述划分等级，2012～
2020 年无重度污染区，克孜勒苏柯尔克孜自治州降为中重度污染区，中轻
度地区为喀什地区与和田地区，其余地区均为轻度污染区。与 2006～2011
年相比，2012 年后，该流域农业面源污染整体有所降低，农业灰水足迹
所导致的水污染有所减轻。克孜勒苏柯尔克孜自治州农业灰水足迹强度
之所以一直居高不下，主要是由于其耕地面积较小，同时畜牧业活动导
致的灰水足迹较高。这一现象说明，尽管在整体上塔里木河流域的农业水
资源利用效率有所提高，但仍需针对特定区域的特殊情况，制定更加精准
的策略和措施。例如，对于克孜勒苏柯尔克孜自治州这样的区域，需要进
一步优化农业结构，探索和推广更为高效的水资源管理和污染控制技术，

以实现农业的可持续发展，进而为实现联合国的可持续发展目标（SDG 2）做出更大贡献。

（五）面向SDGs的塔里木河流域农业灰水足迹效率的时空分布

1. 农业灰水足迹效率的时序分布

农业灰水足迹效率是衡量一个地区农业生产与水资源可持续利用之间关系的重要指标。它不仅能够反映流域内农业的发展水平，而且能够揭示农业经济增长与水资源保护之间的平衡程度。具体来说，较高的农业灰水足迹效率表明该流域在实现农业生产的同时，能够有效控制水资源的消耗和污染，从而促进农业与环境的和谐共生。在分析塔里木河流域的农业灰水足迹效率时，我们不仅需要关注其数值的大小，更要深入探讨其背后的原因和影响因素。这包括农业生产模式、灌溉技术的应用、水资源管理政策的制定与执行，以及农业生产对地下水质量的影响等多个方面。通过综合考量这些因素，我们能够更全面地理解农业灰水足迹效率的变化趋势，以及其对流域内农业可持续发展的指导意义。此外，农业灰水足迹效率的提高往往伴随着农业生产技术的进步和农业经济结构的优化。例如，采用节水灌溉技术，提高作物的水分利用效率，以及实施精准农业管理等措施，都能有效提升农业灰水足迹效率。同时，通过优化种植结构，减轻对水资源密集型作物的依赖，也能在一定程度上降低农业对水资源的消耗，从而提高农业灰水足迹效率。

农业灰水足迹效率不仅是评价一个地区农业发展水平的重要指标，而且是衡量该地区农业生产与水资源可持续利用关系的关键。深入分析塔里木河流域的农业灰水足迹效率及其影响因素，可以为该流域的水资源管理和农业绿色发展提供科学的指导和建议，进而促进经济发展与环境保护的协调。

2006~2020年塔里木河流域农业、种植业和畜牧业灰水足迹效率整体呈现上升的趋势，如图4-11所示。2006年农业灰水足迹效率最低，为0.6元/立方米，2019年达到最高值，为4.03元/立方米。改革开放以来，尤其是在国家实施西部大开发战略后，塔里木河流域的农业得到了前所未

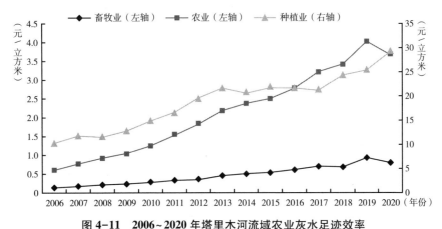

图 4-11　2006~2020 年塔里木河流域农业灰水足迹效率

有的发展机遇。政府的政策支持和资金投入极大地促进了该地区农业生产的现代化和规模化，农业总产值的稳步增长成为该时期经济发展的重要标志。流域内的农业生产不仅在数量上有了显著提升，而且在质量和效率上也有了较大提升。在农业生产过程中，化肥施用效率的提高是提升农业灰水足迹效率的关键因素之一。通过推广科学施肥技术和优化施肥结构，减少了化肥的过量使用，有效降低了农业生产对水资源的污染。同时，畜牧业养殖结构的优化调整，比如推广生态养殖模式，以及实施畜禽粪便资源化利用，也在很大程度上减少了畜牧业对水资源的污染，进一步提升了农业灰水足迹效率。这些措施的实施，使得塔里木河流域在追求产量增加的同时，更加注重了农业生产的可持续性和环境保护。

在塔里木河流域，种植业与畜牧业作为两大农业生产方式，其灰水足迹效率的差异显著，反映了不同农业活动对水资源利用效率的影响。种植业灰水足迹效率显著高于畜牧业，不仅揭示了种植业在水资源利用上具有相对优势，也凸显了畜牧业在水资源高效利用方面存在挑战。种植业灰水足迹效率的高值为 18.88 元/立方米，表明了在种植业活动中每消耗 1 立方米水资源所创造的经济价值较高。这一结果与种植业在塔里木河流域农业总产值中所占比重超过 70% 的事实相符合，说明种植业作为该流域传统农业模式，在经济贡献上占据主导地位。种植业之所以能够成为流域内农业发展的主导产业，除了与其传统的耕作模式有关之外，更与该地区的自然条件密切相关。塔里木河流域特有的气候和土壤条件为种植业提供了良好的自然基础，而长期以来积累的种植经验和技术进步则不断提升了种植业的灰水足迹效率。相比之下，畜牧业灰水足迹效率的均值仅为0.46元/立方米，这反映了畜牧业在水资源利用上存在较大的提升空间。畜牧业较低的灰水足迹效率可能与其较高的水资源消耗、饲养管理不当以及饲料生产的低效率等因素有关。因此，提升畜牧业灰水足迹效率成为塔里木河流域水资源利用效率提升的重要方向之一。为了进一步提升塔里木河流域的农业灰水足迹效率，尤其是畜牧业灰水足迹效率，需要采取一系列措施。首先，推广节水型饲养技术和改进饲料生产方式，减少水资源消耗。其次，优化畜牧业结构，发展较高水资源利用效率的畜牧业模式。最后，加强农业水资源管理，提高水资源的整体利用效率，从而实现塔里木河流域农业生产的绿色发展。塔里木河流域种植业与畜牧业灰水足迹效率的时序分布展现了两个产业在水资源利用效率上的显著差异，并指向了提升畜牧业灰水足迹效率的迫切需要。通过综合措施的实施，实现流域内农业生产更高效、更可持续地利用水资源，促进塔里木河流域的绿色发展。

在塔里木河流域，面对自然环境的种种挑战，如干旱、土壤盐碱化等，农业的可持续发展不仅是经济增长的基石，更是维护生态平衡、促进社会和谐的关键。塔里木河流域的自然生态系统因其独特的地理位置和自然条件而显得尤为脆弱，这就要求该地区的经济发展必须采取与众不同的路径，即发展绿洲经济。在这一背景下，农业经济的健康、可持续发展成为流域内实现生态、经济、社会协调发展的基础。因此，农业的可持续发展是流域内生态、经济与社会协调发展的重要保障。在SDG 2可持续农业实施的背景下，塔里木河流域初步形成了生产、生活、生态协调发展与互利共赢的局面。流域在研究期内农业灰水足迹处于下降趋势，农业灰水足迹效率稳步提升，通过推动农业结构调整、技术创新和管理优化，初步实现了从传统农业向可持续农业的转型。这一转型不仅涉及生产方式的变革，更包括对农业与环境相互作用理解的深化，以及社会经济结构的适应性调整。

2. 农业灰水足迹效率的空间格局变化

2006～2011年塔里木河流域年均农业灰水足迹效率为1.02元/立方米，

其中第一师农业灰水足迹效率最高，为 5.48 元/立方米，克孜勒苏柯尔克孜自治州最低，为 0.30 元/立方米。流域内有 6 个地区数值超过平均值，分别为巴音郭楞蒙古自治州、阿克苏地区，以及兵团第一师、第二师、第三师和第十四师；只有克孜勒苏柯尔克孜自治州、和田地区和喀什地区数值低于平均值。

2012~2020 年塔里木河流域年均农业灰水足迹效率为 2.89 元/立方米，其中第一师农业灰水足迹效率依然最高，为 16.15 元/立方米，克孜勒苏柯尔克孜自治州依然最低，为 0.81 元/立方米。流域内有 5 个地区数值超过平均值，其中低于平均值的地区有 4 个，新增阿克苏地区。相比2006~2011 年，塔里木河流域农业灰水足迹效率有一定程度的提升，增长率高达 183%，其中兵团第十四师增长幅度最大，为 287.97%，除巴音郭楞蒙古自治州的增长率为 93.20% 外，其余地区增长率均超过 100%，说明该流域内农业经济的整体发展速度加快。

在探讨塔里木河流域农业灰水足迹效率的时序分布时，采用年均农业灰水足迹效率的最高值与最低值作为参考区间，对农业发展程度进行了细致分类，这种分类不仅有助于明确各区域农业水资源利用效率的现状，而且为制定区域特定的水资源管理策略提供了依据。根据这一分类方法，农业灰水足迹效率被划分为五种类型，分别对应着不同的农业相对发达程度：0~3.3 元/立方米为不发达区，3.3~6.6 元/立方米为欠发达区，6.6~9.9 元/立方米为一般发达区，9.9~13.2 元/立方米为较发达区，13.2~16.5 元/立方米为发达区。

通过这一分类，2006~2011 年塔里木河流域内部分地区的农业发展程度被揭示（见图 4-12）。具体而言，兵团第一师、第二师、第三师均被归类为欠发达地区，而第十四师、巴音郭楞蒙古自治州、克孜勒苏柯尔克孜自治州、喀什地区、阿克苏地区与和田地区则被认定为不发达区。这一时期的分类结果反映了流域内部分地区农业水资源利用效率较低，农业生产模式亟须转型升级。2012~2020 年，塔里木河流域内农业生产的发达程度整体实现了显著提升。兵团第一师跃升为发达地区，展现了其在农业水资源高效利用方面取得显著进步，第二师升级为较发达区，第三师与第十四师进入一般发达区的行列，这些变化标志着流域内多个地区在提高农业灰水足迹效率方面取得了积极成效。然而,巴音郭楞蒙古自治州、克孜勒苏柯尔克孜自治州、喀什地区、阿克苏地区与和田地区仍旧属于不发达区,这表明在部分地区,农业水资源利用效率的提升仍面临重大挑战。这一时序分布的变化,不仅反映了塔里木河流域内农业水资源利用效率的整体提升,也揭示了区域间发展的不均衡。为了进一步推动流域内农业的可持续发展,需要针对不同发展程度的区域制定差异化的策略。对于已达到较高水资源利用效率的地区,应继续优化农业结构,推广高效灌溉技术,加大科技创新力度,以保持和提高其领先地位。而对于那些仍处于不发达或欠发达阶段的地区,则需加大政策支持和资源投入力度,通过技术培训、基础设施建设等措施,提升其农业灰水足迹效率,缩小与发达区的差距。塔里木河流域农业灰水足迹效率的时序分布分析,不仅为认识流域内农业水资源利用的现状和趋势提供了重要视角,也为制定科学合理的水资源管理和农业发展策略提供了依据。通过持续的努力,塔里木河流域有望实现农业生产的绿色发展,为区域的生态安全和经济社会的可持续发展做出贡献。

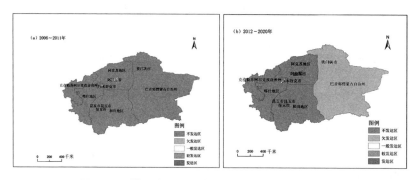

图4-12 塔里木河流域农业灰水足迹效率空间分布

注:由于新疆生产建设兵团部分团场比较分散,在地图上分别以阿拉尔市、铁门关市、图木舒克市和昆玉市代表第一、二、三和十四师。

三 本章小结

本书以遥感影像数据以及统计年鉴数据为基础,在GIS技术的支持下对塔里木河流域景观生态风险与灰水足迹进行了分析评价，得出以下结论。

（1）2000~2020年，从塔里木河流域各景观类型面积占总面积比例来看，耕地面积从3.62%增加至2020年的4.77%，增加12130.28平方千米；林地从0.19%增加至0.42%，增加2416.54平方千米；草地从19.00%减少至18.94%，减少638.04平方千米；人造表面从0.09%增加至0.31%，增加2330.87平方千米；裸地从72.49%减少至70.69%，减少18933.94平方千米；冰川和永久积雪从3.31%减少至2.86%，减少4784.78平方千米。

（2）2000~2020年，塔里木河流域景观生态风险以低、较低和中风险为主，较高和高风险次之。研究期内低和中风险区面积在增加，分别增加了89282.4785平方千米、49172.9382平方千米，合计占总面积的13.14%；较低、较高、高风险区面积分别减少了15315.0658平方千米、35701.0779平方千米、87439.7511平方千米，合计占总面积的13.14%；低风险区面积逐渐增加，而高风险区面积逐渐减少，流域整体景观生态风险指数呈现减小趋势；20年间塔里木河流域整体景观生态风险处于好转状态。

（3）在深入分析塔里木河流域的土地覆盖类型及其变化趋势时，我们发现灌木丛、林地和水体等对生态系统具有重要意义的组成部分面积较小，且其分布极为分散，从而导致了较高的破碎度指数。这种破碎化的生态格局，不仅降低了生物多样性，而且削弱了生态系统的整体稳定性和抗干扰能力。相反，草地、冰川和永久积雪、裸地、耕地等类型的覆盖面积较大且呈现面状分布，其破碎度指数较低，表明这些土地覆盖类型在空间上的连续性较好，对维持区域生态平衡具有一定的积极作用。然而，灌木丛、林地和水体的覆盖度损失，意味着塔里木河流域的生态系统正在遭受压力，其自然恢复能力和对外部干扰的抵抗力较弱。这种情况在很大程度上反映了人类活动与自然环境之间存在矛盾，尤其是水资源的过度开发和土地的不合理利用，不仅对生态系统造成了直接影响，还可能通过影响地表水和地下水的循环，进一步加剧区域的水资源短缺问题。

（4）研究期内流域景观生态状况好转，但局部地区景观生态状况有所恶化，景观生态风险程度较高。总体说来，2000~2020年，低风险和中风险区面积呈增加趋势，较高风险区和高风险区面积呈现减小趋势。较低风险存在波动，但最终在总量上变化较小；低风险区和较低风险区之间的转换、较低风险区和中风险区之间的转换、高风险区和较高风险区之间的转换较为明显。

（5）塔里木河流域农业灰水足迹总体上呈现下降趋势，主要得益于畜牧业大型牲畜养殖数量的下降。畜牧业灰水足迹占农业灰水足迹的91.3%，种植业占比8.7%，流域农业灰水足迹以畜牧业为主。为实现SDGs目标，提高流域内水环境质量，实现农业的绿色可持续发展，应改善流域内畜牧业养殖规模、结构，提高畜禽养殖粪便的资源化与循环化利用水平。深入推进农区农牧耦合发展，加大种植业与畜牧业的联系，形成循环农业、生态农业，促进农业废弃物资源化发展。

（6）塔里木河流域农业灰水足迹效率逐步提升，2006年最低，为0.60元/立方米，2019年达到峰值，为4.03元/立方米，说明在这一期间流域内农业得到一定程度的发展。兵团第一师年均农业灰水足迹效率最高，克孜勒苏柯尔克孜自治州一直最低。农业灰水足迹效率较高的地区主要集中在兵团第一师、第二师、第三师和第十四师。流域内种植业灰水足迹效率远高于畜牧业灰水足迹效率，应积极落实高标准农田建设、土地开发整理等标准，促进种植业的规模化发展，减少化肥施用量，提高农作物产量，改善生态环境；继续加快调整畜牧养殖业结构，减少大型牲畜养殖，增加经济效益较高的小型牲畜以及家禽的养殖，改良牲畜品种，延长畜产品加工产业链，提高畜牧业总体产值，促进农业经济与环境的协调发展。

（7）塔里木河流域农业灰水足迹强度有一定改善，但流域内农业灰水足迹强度与效率存在明显的空间差异性。克孜勒苏柯尔克孜自治州、喀什地区、和田地区农业灰水足迹较高，农业灰水足迹效率远低于流域内平均值，地区相关部门应提高重视程度，根据实际情况进行因地制宜的发展，优化农业生产布局。

第五章　塔里木河流域农业用水效率时空格局及影响因素

随着全球水资源短缺问题日益突出，探讨农业用水效率的重要性日渐提升。这一领域的研究不仅关注如何测量农业用水的效率，还致力于解析影响该效率的因素，并进一步评估农业用水效率的提升对促进区域可持续发展的作用。随着时间的推移，这些研究已经形成了一个多维度、多角度的研究体系，覆盖了农业用水效率的测度、影响因素分析以及效率提升策略评价等多个方面。在农业用水效率的测度方面，研究者们通常依托丰富的面板数据，或通过实地调查收集的数据，对农业用水效率进行量化分析。这些研究不限于某一特定地区，而是横跨国家、地区乃至省域等，显示了农业用水效率研究的广泛性和深入性。在研究方法上，数据包络分析法（Data Envelopment Analysis，DEA）作为一种非参数估计法，因不需要预设生产函数的形式而被广泛采用；而随机前沿分析法（Stochastic Frontier Approach，SFA）作为参数估计法的代表，通过设定具体的生产函数形式，能够更精确地估计技术效率和技术进步对农业用水效率的影响。除了对农业用水效率的直接测度外，研究者们还深入探讨了影响农业用水效率的各种因素，这些因素包括但不限于气候变化、水资源管理政策、农业技术进步、水价制度以及农民的水资源使用行为等。通过识别和分析这些影响因素，研究不仅增进了我们对农业用水效率波动原因的理解，也为制定有效的政策措施提供了科学依据。进一步，农业用水效率的评价研究则聚焦探索提升农业用水效率的策略及其对区域经济发展、生态保护和社会福祉的积极影响。这些评价工作不仅涉及经济效益的考量，还广泛关注环境和社会维度，体现了农业用水效率研究向着更加综合、可持续的方向发展。在农业用水效率评价方面，学者大多采用层次分析法（AHP）来确定指标体系（操信春等，2020），选取的评价指标通常包含渠系水利用系数、田间水利用系数、灌溉水利用系数、水分生产效率、耕地有效灌溉率、节水灌溉工程面积率 6 个指标；在确定指标权重时，除了层次分析法，也有学者采用基于熵权法的模糊物元模型（仇宽彪等，2015；尚松浩等，2015）。

塔里木河流域作为南疆典型的干旱荒漠区，具有生态环境脆弱、以农业为支柱产业的特点，提升农业用水效率，对冲最大限制性资源——水资源匮乏的约束，是维系当地经济社会可持续发展的必然路径。本章基于可持续发展目标（SDGs）框架，构建了包含面源污染的农业用水效率测度指标体系和包含水资源管理的影响因素指标，采用 SBM-undesirable 模型测度塔里木河流域各县（市）2015～2020 年的农业用水效率，结合 GIS 技术和核密度估计方法探究其效率的时空变化特征，并采用 Tobit 模型进一步分析各因素对农业用水效率的影响。

塔里木河流域水资源利用的效率直接关乎地区经济的稳定与发展。在水资源日益紧张的背景下，提升农业用水效率成为解决水资源短缺、支持区域经济社会可持续发展的关键途径。因此，本书旨在深入探讨塔里木河流域农业用水效率的时空格局及其影响因素，以期为该地区乃至类似干旱区域的水资源管理和农业可持续发展提供科学依据和策略建议。在研究方法上，本章采纳了 SDGs 框架，以此为指导构建了一个全面的农业用水效率测度指标体系。该体系不仅涵盖了面源污染等传统农业用水效率考量因素，还引入了水资源管理等现代农业发展的重要影响因素，体现了本书的创新性和实用性。通过采用 SBM-undesirable 模型，本书能够有效地测度塔里木河流域各县（市）2015～2020 年的农业用水效率，并通过 GIS 技术和核密度估计方法，深入分析了其农业用水效率的时空分布特征。此外，为了进一步解析影响农业用水效率的各种因素，本书采用了 Tobit 模型进行分析。这一方法不仅能够处理效率值的左截断问题，还能够准确地识别和量化影响农业用水效率的各种因素，包括气候变化、水资源分配政策、农业技术进步、土地利用变化等，为提升农业用水效率提供了更为精确的策略方向。

综合而言，本书基于 SDGs 框架，运用先进的测度模型和分析方法，全面考察塔里木河流域农业用水效率的时空变化特征及其影响因素。这不仅能丰富干旱区农业用水效率的研究内容，也可为塔里木河流域乃至全球类似干旱区域的水资源管理和农业发展提供重要的理论和实践指导。通过深入分析，本书期望能够为解决水资源短缺问题，推动区域经济社会的可持续发展做出贡献。

一 方法与数据

（一）研究方法

由于测算的农业用水效率实际数值是一个大于 0、小于等于 1 的受限变量，宜采用专门用于解决因变量为受限变量的 Tobit 模型，模型左端在 0 处截取，右端在 1 处截取，计算公式如下。

$$e_{it}^* = \eta + E_{it}^{'}\delta + v_i + \varepsilon_{it}$$

$$e_{it} = \begin{cases} e_{it}^*, & 0 < e_{it}^* \leq 1 \\ 0, & e_{it}^* < 0 \\ 1, & e_{it}^* > 1 \end{cases} \qquad (5-1)$$

式（5-1）中，e_{it}^* 为潜在变量，e_{it} 为被观察到的变量；$E_{it}^{'}$ 为解释变量向量，v_i 为随个体变化而变化但不随时间变化的随机变量，ε_{it} 为随时间和个体而独立变化的随机变量，这两种随机效应独立且均服从正态分布；η 为常数，δ 为参数变量。

（二）指标选择及数据来源

SDGs 框架中第六项目标为所有人提供水和环境卫生并对其进行可持续管理，包含了 8 个子目标，其中，第三项子目标是关于水质的目标，要求通过减少水污染以改善水质。

在塔里木河流域农业用水效率的研究中，我们将水污染视为农业水资源利用过程中的一个不可忽视的负面产出，这是对实际农业生产情况的深入理解和对可持续发展目标（SDGs）框架内涵的体现。新疆作为中国化肥使用量较大的省份之一，农业生产中的化肥和农药残留、地膜废弃物等成为水污染的主要来源。这种污染不仅对环境造成了负面影响，也降低了农业用水的效率。本书采用 SBM 模型来量化农业用水效率，将农业用水的总氮排放量和总磷排放量作为非期望产出，以衡量农业水污染情况。这一做法不仅增强了评价体系的科学性和实用性，也使得研究结果能更全面地反映农业用水过程中的环境成本。同时，考虑到农业生产的复杂性，本书在选取指标时，不仅关注产出，还重视对投入要素的考量。农业总产值作为期望产出的代表，直接关联到农业生产的经济效益。同时，由于本书研究的农业是狭义范畴内的种植业，故选用农业总产值来表示期望产出。此外，由于农业生产过程离不开劳动力、土地资源及农业机械等生产要素的投入，故选取农业生产劳动力人数、农业生产用水量、农业机械总动力和农作物播种面积作为投入要素指标。这些投入要素的选择，旨在构建一个全面反映塔里木河流域农业用水效率的指标体系，以便更准确地测算和评估农业用水的效率及其环境影响。通过构建一个涵盖期望产出和非期望产出、全面考虑投入要素及潜在影响因素的指标体系，本书旨在为塔里木河流域农业用水效率的评估提供一个科学合理的分析框架。这不仅能够促进对农业水资源利用效率的深入理解，而且可为制定相关的水资源管理和农业可持续发展政策提供重要的科学依据。

本书的数据主要来源于《新疆维吾尔自治区统计年鉴》和《新疆生产建设兵团统计年鉴》，时间跨度为 2016～2021 年。这些年鉴提供了丰富的统计数据，为本书的实证分析提供了可靠的数据支持。在投入指标方面，农业生产用水量的计算采取了间接获得的方式，即通过分析各县（市）农作物播种面积在其所在地农作物播种总面积中的占比，进而根据该地区的农业生产用水总量推算出各县（市）的具体农业用水量。这种方法既考虑了地区间农业生产的差异性，也保证了数据的准确性和可靠性。在产出指标方面，农业生产过程中的总氮和总磷排放量的计算，则是参考了陶园等（2021）采用的输出系数法，以及赖斯芸等（2004）的研究成果。输出系数法是一种基于实际测量和统计数据的计算方法，能够较准确地反映农业生产过程中的污染物排放情况。通过这种方法，本书能够更加精确地评估农业用水效率在环境保护方面的表现，这对塔里木河流域这样一个生态环境脆弱的地区尤为重要。

本书在指标体系构建上采取了一种综合分析的方法，不仅深入挖掘了已有统计数据的潜在价值，还通过科学的计算方法和对相关因素的考量，确保了评估结果的准确性和可靠性。这一指标体系的构建，为塔里木河流域农业用水效率及其时空变化特征的评估提供了坚实基础，也为后续的研究提供了重要参考。

在塔里木河流域水资源利用效率与绿色发展的研究中，深入探讨农业用水效率的影响因素是至关重要的。基于 SDGs 的框架，本书强调了水资源管理的核心地位，并认为加强地方社区在水和环境卫生管理中的参与是实现水资源可持续利用的关键。为此，我们构建了一个综合性的指标体系，旨在全面评估影响塔里木河流域农业用水效率的各种因素。本书的指标体系涵盖了水资源丰歉状况、经济发展水平、农业设施完善程度、农作物种植结构和农业用水管理情况等五个主要方面，共计 8 个具体指标。这些指标的选取参考了李静等（2014）、佟金萍等（2015）和张玲玲等（2019）的研究成果，旨在构建一个科学、合理且具有实践指导意义的评估体系。

（1）水资源丰歉状况：通过年降水量指标来衡量，反映塔里木河流域自然水资源的基本状况，这是影响农业用水效率的基础性因素。

（2）经济发展水平：通过人均 GDP 和第二产业产值占比两个指标来评估，这不仅反映了地区的经济发展水平，也揭示了地区对农业水资源利用的投资能力和技术水平。

（3）农业设施完善程度：通过单位播种面积节水灌溉机械台数和单位作物地膜覆盖面积两个指标来衡量，这些指标反映了农业生产设施的现代化水平，是提高农业用水效率的关键。

（4）农作物种植结构：经济作物播种面积与粮食作物播种面积两个指标反映了农作物种植结构的差异，不同的种植结构对水资源的需求程度不同，因此对用水效率有直接影响。

（5）农业用水管理情况：将单位水价作为衡量农业用水管理情况的指标，反映了水资源的经济价值和管理效率，是影响用水效率的重要因素。

通过以上指标体系的构建,本书旨在从多角度、多层次深入分析塔里木河流域农业用水效率的影响因素,进而为提升水资源利用效率、促进地区绿色发展提供科学依据和策略建议。这一指标体系的创新之处在于它不仅关注了传统的农业生产和水资源管理因素,还将经济发展水平、农业设施完善程度等宏观和微观因素纳入考量,体现了一个全面、综合的评估视角。影响因素指标数据来源于新疆维吾尔自治区与新疆生产建设兵团水资源公报及相关网站。其中,降水数据来源于中国科学院资源与环境科学数据中心,水价数据来源于中国水网以及各地方人民政府网站公布的价格(见表5-1)。

二 结果分析

(一)流域农业用水效率时空演变分析

1. 时间变化

通过对塔里木河流域 2015~2020 年农业用水效率的综合分析,我们发现该地区农业用水效率实现了 0.14 的增长(见图5-1)。这一发现表明,在研究期间内,塔里木河流域的农业用水效率整体上呈现积极的发展趋势。然而,尽管存在这样的增长,效率的提升速度仍然较慢,六年的平均农业用水效率值仅为约 0.35,这表明塔里木河流域的农业用水效率总体上仍然处于一个较低的水平。这一现象揭示了一个重要的现实问题,即尽管已经取得了一定的进步,但在提升农业用水效率、缓解水资源紧张状况方面,塔里木河流域面临的挑战依然巨大。为了进一步提升农业用水效率,需要采取更为有效的措施和策略。从地州层面的分析可以看出,农业用水效率的提升并不是均匀的,而是呈现波动上升的趋势(见图5-2)。这表明不同地区在农业用水效率的提升上存在显著差异,这种差异可能与各地州的自然条件、经济发展水平、农业生产方式和水资源管理策略等因素有关。

表5-1　相关数据统计特征

	变量	变量解释	样本均值	标准差	最大值	最小值	样本容量
投入产出指标	投入指标 Agri-water	农业用水量(亿米³)	7.62	5.39	23.26	0.29	276
	labour	农业劳动力(人)	61881	71430	326630	1	276
	期望产出 Crop-area	农作物播种面积(千公顷)	72.4	53.93	200.1	3.39	276
	Agri-power	农业机械总动力(千瓦)	227654.53	205896.41	942738	3.85	276
	output	农业总产值(万元)	252003.61	476367.88	2396334	0.49	276
	非期望产出 TN	农业总氮排放量(万吨)	8065.64	10487.78	96760.69	0.14	276
	TP	农业总磷排放量(万吨)	2433.88	2918.98	21826.16	0	276
农业用水效率	ef	农业用水效率(%)	29.24	30.90	100	1.22	276
农业用水效率影响因素	ap	年降水量(毫升)	105.12	42.19	309.62	24.39	276
	pGDP	人均GDP(万元)	3.34	2.69	16.45	0.70	276
	s	第二产业产值占比(%)	22.35	12.99	65.9	8	276
	g	粮食作物播种面积(千公顷)	18.78	16.56	94.41	0.24	276
	c	经济作物播种面积(千公顷)	44.16	42.96	175.36	0.51	276
影响因素	m	单位作物播种地膜覆盖面积(千公顷)	0.46	0.29	1.05	0	276
	i	单位播种面积节水灌溉机械台数(台/千公顷)	6.79	12.99	128.76	0	276
	p	单位水价(元/立方米)	0.08	0.04	0.21	0.04	276

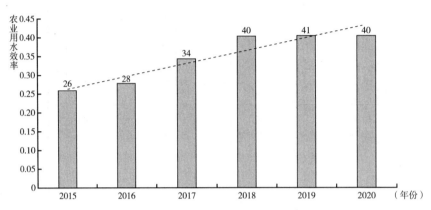

图 5-1 2015~2020 年塔里木河流域农业用水效率

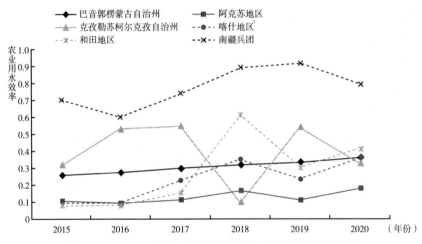

图 5-2 2015~2020 年塔里木河流域各地州农业用水效率

在塔里木河流域的农业用水效率时空演变分析中,我们观察到除南疆兵团以外,大多数地州在农业用水效率上的提升幅度较小。这一趋势表明,尽管整个流域在积极推进水资源高效利用,但不同地区的进步速度和成效存在显著差异。特别是和田地区,其农业用水效率的提升显著,到 2018 年达到了 0.344 的增幅,而阿克苏地区的提升幅度则较小。这种差异可能与地区的自然条件、水资源管理策略、农业技术应用程度以及地区经济发展水平等因素有关。进一步分析显示，部分地州的某些县市在农业用水效率上出现了急剧的波动。例如，2017年喀什地区的莎车县农业用水效率值突然从 0.13 升至 1，但之后却维持在 0.25 以下的较低水平。同样，2018 年和田地区的和田市和民丰县，农业用水效率也从较低的 0.09 和 0.14 升至 1，显著提高了该年度和田地区的整体农业用水效率。2020 年，塔什库尔干塔吉克自治县的农业用水效率更是从 0.03 的极低水平飙升至 1（见图 5-3）。这些显著的变化与当年的农业生产总值大幅增长相关联，表明在其他生产要素保持不变的情况下，农业用水效率的改变对农业生产总值有直接影响。反观 2016 年，昆玉市的农业用水效率经历了从 1 到 0.39 的急剧下降，之后又恢复至 1（见图 5-4）。这一变化与当年的农业生产总值急剧下降相对应，从 172857 万元降至 158526 万元。这一现象进一步印证了农业用水效率与农业生产总值之间存在密切关联。塔里木河流域农业用水效率的时空演变分析揭示了农业用水效率与地区经济发展之间的复杂联系。这些发现不仅为理解流域内水资源利用效率的现状和趋势提供了宝贵的视角，而且对制定有针对性的水资源管理和农业发展策略具有重要参考价值。

为深入了解塔里木河流域在农业用水效率方面的演变趋势，本书采用了高斯核密度估计法对该流域内 46 个县（市）在不同年份的农业用水效率进行了详细分析（见图 5-5）。通过对核密度曲线的观察与分析，我们可以更清晰地把握整个流域农业用水效率的动态变化情况。从核密度曲线在横轴上的移动趋势来看，2015~2020 年，塔里木河流域农业用水效率的核密度曲线总体上呈现向右移动的趋势。具体来说，2015~2016 年，曲线向左移动，表明这一时期内流域的农业用水效率有所下降。2016~2018 年，核密度曲线则向右移动，意味着这段时间内流域的农业用水效率整体上呈现上升趋势。2018~2019 年，曲线再次向左移动，随后的 2019~2020 年，曲线又一次向右移动，这表明塔里木河流域的农业用水效率在经历了一段时期的下降后，再次呈现上升的趋势。从核密度曲线的形状变化来看，我们观察到从多波峰向单波峰的转变。2016~2017 年，核密度曲线出现了 3 个波峰，而从 2018 年开始，曲线转变为单波峰，并且这个单波峰的形态呈现变矮且展宽的趋势。这一变化表明，虽然流域内部分地区的农业用水效率有所提升，但整体上效率值的极端分化情况有所减弱，即各县（市）间农业用水效率的差异逐渐增大。尽管核密度曲线的波峰呈现向右移动的趋势，但值得注意的是，波峰大多位于效率值0.3以下的区域。这一发现意味着，尽管塔里木河流域的农业用水效率在逐年提升，但流域内大多数县（市）的农业用水效率仍然处于较低的水平。通过高斯核密度估计法对塔里木河流域农业用水效率的时空演变分析，揭示了该地区农业用水效率的整体提升趋势以及效率值分布的动态变化。这些发现不仅为理解流域内农业用水效率的现状与趋势提供了宝贵视角，而且对指导该流域水资源管理和农业可持续发展政策的制定具有重要的实际意义。未来的研究需要进一步探索影响农业用水效率变化的深层次因素，以促进塔里木河流域水资源的高效利用和绿色发展。

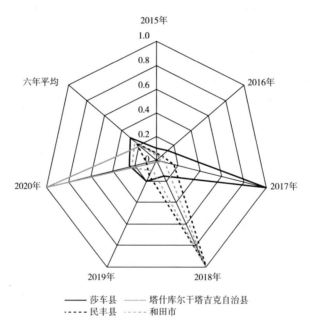

图5-3 2015~2020年莎车县、民丰县、和田市、
塔什库尔干塔吉克自治县农业用水效率

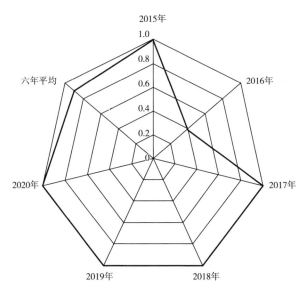

图 5-4　2015~2020 年昆玉市农业用水效率

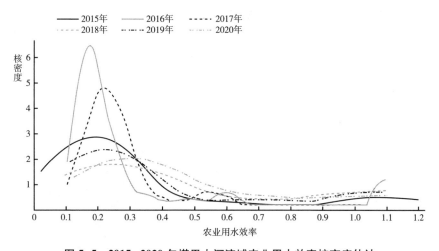

图 5-5　2015~2020 年塔里木河流域农业用水效率核密度估计

2. 空间分异

在深入分析塔里木河流域农业用水效率的空间分布和时间演变过程中，本研究参照了 Tone（2001）提出的效率值分级标准，将农业用水效

率分为五个等级：低（效率值≤0.2），较低（0.2<效率值≤0.4），中等
（0.4<效率值≤0.6），较高（0.6<效率值≤0.8）和高（0.8<效率值≤
1）。这一分级方法为本研究提供了一个清晰的框架，以便在空间上呈现
各县（市）农业用水效率的分布情况，并观察其在六年时间跨度内的重
心迁移轨迹。

通过对塔里木河流域农业用水效率的空间分布进行分析，我们发现该
流域东部及西北部县（市）的农业用水效率普遍较高，而中间的广大县
（市）则普遍较低（见图5-6）。这种分布揭示了一个明显的地理分异特
征，即流域内部的水资源利用效率与地理位置密切相关。东部和西北部可
能由于其特定的地理环境、水资源配置以及农业技术应用等因素，使得这
些地区的农业用水效率较高。通过对效率分布重心的迁移轨迹进行分析，
我们观察到一个从流域中部向西南部移动的趋势（见图5-7、图5-8）。
这一迁移轨迹可能反映了流域内部农业用水效率提升的空间动态变化，即
随着时间的推移，西南部地区在农业用水效率上的提升速度快于其他地
区。这种变化可能与近年来该地区在水资源管理和农业技术创新方面的投
入和进步有关。此外，该分析还揭示了塔里木河流域在追求水资源利用效
率提升的过程中，存在显著的空间不均衡性。这种不均衡性提示我们，在

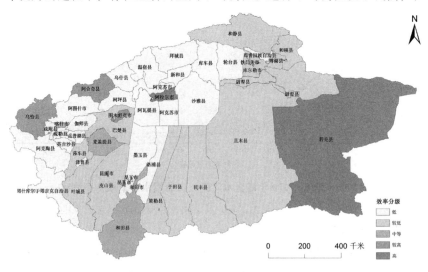

图5-6 塔里木河流域六年平均农业用水效率空间分布

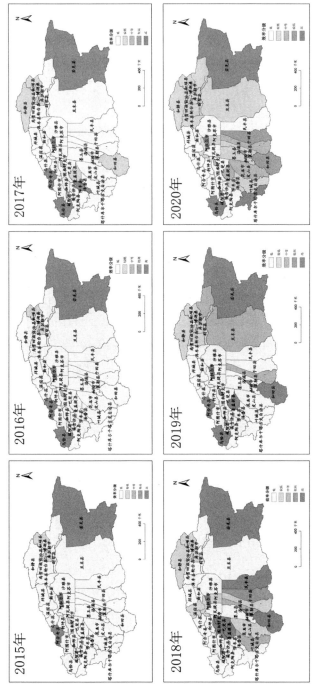

图 5-7 2015～2020 年塔里木河流域农业用水效率空间分布

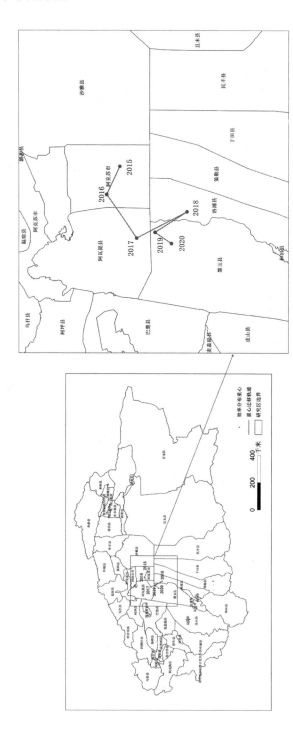

图 5-8　2015～2020 年塔里木河流域农业用水效率值分布重心迁移轨迹

制定未来的水资源管理策略和农业发展规划时，需要更加关注地区间的差异，采取差异化的策略，以促进流域内各地区农业用水效率的均衡发展。

在对塔里木河流域农业用水效率的时空演变进行深入分析时，本书特别关注了南疆兵团与各地州之间在农业用水效率方面的差异。数据显示，南疆兵团的农业用水效率整体显著高于其他地州，这一现象引发了我们对区域水资源管理和农业生产效率提升策略的进一步思考。具体而言，兵团四个市在六年的平均农业用水效率达到了 0.77，这一数字远高于五个地州中效率最高的克孜勒苏柯尔克孜自治州（0.39），更不用说效率最低的阿克苏地区，其六年平均农业用水效率仅为 0.13。这种显著的差异不仅反映了南疆兵团在水资源利用和农业生产效率方面具有优势，也暗示了该区域在技术应用、管理策略以及政策支持等方面可能存在差异。

从更细致的县（市）层面分析，塔里木河流域内 46 个县（市）中，农业用水效率处于中等及以上水平（效率值>0.4）的县（市）仅有 10 个，占比 21.74%。这一比例揭示了流域内大多数县（市）在农业用水效率上面临挑战。特别是若羌县、阿合奇县、乌恰县、阿拉尔市、图木舒克市和昆玉市等 6 个县（市）的农业用水效率处于较高水平（效率值>0.6），其中若羌县和阿拉尔市更是达到了该地区现有技术水平下的相对最优状态，效率值为 1。这些数据不仅展示了部分区域在农业用水效率上的显著成就，也为其他地区提供了可供借鉴的成功经验。然而，效率值处于低水平（效率值≤0.2）的县（市）占比高达 50%，其中效率值低于 0.1 的县（市）包括拜城县、乌什县、阿图什市、阿克陶县、疏勒县、岳普湖县等 6 个。这一情况说明塔里木河流域内部在农业用水效率上存在严峻挑战，特别是对那些效率极低的县（市）来说，亟须采取有效措施提升其农业用水效率。

通过将塔里木河流域农业用水效率进行等级划分并分析其空间分布和重心迁移轨迹，本书不仅揭示了流域内部农业用水效率的空间分异特征，而且为理解其时间演变过程提供了新的视角。这些发现对指导该流域水资源的高效利用和实现绿色发展具有重要的理论和实践意义。未来的研究应进一步探索影响农业用水效率空间分布和时间演变的深层次因素，以便更有效地指导水资源管理和农业可持续发展政策的制定。塔里木河流域农业用水效率的时空演变分析揭示了南疆兵团与各地州之间以及流域内不同县

（市）之间在农业用水效率上的显著差异。这些差异背后的原因可能包括
技术应用、管理策略、支持政策和地理环境等多方面因素。因此，为了提
升整个流域的农业用水效率，需要针对不同区域的具体情况制定差异化的
策略和措施，同时加强技术推广和政策支持，以促进水资源的高效利用和
农业的绿色发展。

通过对塔里木河流域农业用水效率分布重心的迁移轨迹分析，我
们可以深入理解该流域内农业用水效率的时空演变特性。2015~2020
年，该流域农业用水效率的空间分布重心呈现了明显的迁移趋势，这
不仅反映了区域内农业用水效率的整体提升，也揭示了流域内部水资
源利用效率改善的地理动态。详细来看，2015~2020 年，农业用水效
率的重心从阿克苏市开始经历了一系列的迁移。2015~2016 年，重心
首次向西北方向迁移了 50430.42 米，尽管这一迁移仍旧位于阿克苏市
境内，但已经标志着效率提升的初步趋势。接下来的 2016~2017 年，
重心显著向西南方向迁移了 86453.75 米，最终落脚于阿瓦提县。这一
阶段的迁移不仅量级更大，而且表明了农业用水效率提升的方向开始
向流域西南部倾斜。

2017~2018 年，重心迁移又一次改变方向，向东南方向迁移了
94161.52 米至洛浦县。这一次迁移可能反映了流域东南部地区在农业用
水管理和技术应用方面有所进步。2018~2019 年，重心再次向西北方向迁
移了 62711.19 米至墨玉县，表明该地区在提升农业用水效率方面取得了
显著成效。最后，2019~2020 年，重心继续向西南方向迁移了 32722.26
米，仍然位于墨玉县范围内，这进一步证实了流域西南部地区在农业用水
效率提升方面处于领先地位（见图 5-8）。

这一重心迁移过程不仅描绘了塔里木河流域农业用水效率提升的空间
轨迹，也反映了流域内不同地区在水资源管理和利用效率提升方面的不同
进展，尤其是流域西南部地区的农业用水效率显著提升，说明该区域在技
术应用、水资源管理策略以及相关政策支持方面可能已经取得了显著进
步。这些发现为进一步优化水资源管理策略、提升整个流域的农业用水效
率提供了重要的参考信息。因此，未来的研究和政策制定应更加关注流域
内部的地理差异，特别是那些农业用水效率提升潜力较大的区域。更有针

对性的技术推广、管理策略调整和政策支持，可以进一步促进塔里木河流域的水资源高效利用。

（二）影响农业用水效率的因素

利用 Tobit 模型对影响塔里木河流域各县（市）农业用水效率的因素进行分析，其整体显著性检验 p 值为 0，说明该模型显著，可利用该模型对研究区农业用水效率进行影响因素检验，回归结果如表 5-2 所示。在所有的影响因素中，单位水价（p）、单位作物地膜覆盖面积（m）、人均GDP（$pGDP$）、单位播种面积节水灌溉机械台数（i）、经济作物播种面积（c）、年降水量（ap）、第二产业产值占比（s）七个因素通过了显著性检验。单位水价、单位作物地膜覆盖面积、人均 GDP、单位播种面积节水灌溉机械台数、经济作物播种面积、年降水量 6 个因素对农业用水效率具有正向作用，其中，又以单位水价的影响最大，其余依次是单位作物地膜覆盖面积、人均 GDP 和单位播种面积节水灌溉机械台数。

表 5-2　流域农业用水效率影响因素 Tobit 回归结果

解释变量	系数	Z 值	P 值
p	105.0973 **	1.98	0.049
m	60.27638 ***	−6.79	0.000
$pGDP$	8.043921 ***	6.97	0.000
i	0.3344021 **	2.04	0.043
c	0.2071743 ***	3.27	0.001
ap	0.1443129 ***	2.94	0.004
s	−0.5687152 ***	−3.23	0.001
g	−0.1679199	−1.42	0.158

注：*** 表示在 1% 的显著水平下显著，** 表示在 5% 的显著水平下显著，* 表示在 10% 的显著水平下显著。

具体而言，水价对农业用水效率的提升具有明显的促进作用，水价越高，农业用水效率越高，并且水价对农业用水效率的正向影响较强，水价的细微改变就能引起效率的较大变化。水价作为一种经济手段，能调节人们的水资源使用行为，若进行正向引导，可促使农户自觉减少农业灌溉用水浪费,选择综合成本更低的滴灌技术等来提高农业用水效率。2020年,国家发改委等四部门出台了《关于持续推进农业水价综合改革工作的通知》,新疆维吾尔自治区积极响应改革政策,流域内各县(市)多次召开农业水价座谈会,积极调整农业用水价格,改革的总体方向是逐步使农业水价接近供水成本,设置阶梯水价,增强节水意识,提高地区的农业用水效率。水价政策在提升塔里木河流域农业用水效率中扮演着至关重要的角色。对水价的合理调整可以有效激励农户采纳更为节水高效的灌溉技术,进而推动整个区域农业用水效率的提高。第一,水价的提高可以通过经济激励机制促进农户对水资源的珍惜和合理利用。当水资源的使用成本增加时,农户为了降低成本,自然会倾向于采用更加节水的灌溉技术和方法,如滴灌和喷灌等。这些技术相比传统的灌溉方式更能有效地将水直接输送到作物根部,减少水分的蒸发和浪费,从而提高用水效率。此外,高水价也促使农户改变种植结构,选择对水资源要求较低的作物,进一步提升水资源的利用效率。第二,水价政策的实施通常伴随着对农业水利设施的改善和更新。为了应对水价上涨,政府和农户有更大的动力投资于水利基础设施的建设和维护,比如建设节水灌溉系统、更新灌溉设备等。这些措施不仅能提高灌溉效率,还有助于减少水资源在输送过程中的损失。第三,水价政策的调整需要考虑社会经济因素的影响,确保政策的公平性和可持续性。例如,对于经济条件较差的农户,政府可以通过补贴等方式减轻他们因水价上涨带来的经济压力,确保水价改革不会对他们的生产生活造成过大的影响。第四,水价政策的成功实施需要加强完善水资源管理和监管机制。通过建立健全水资源监测系统,实时监控水资源的使用情况,可以有效防止水资源的过度开发和浪费。同时,加强对农业用水的管理和引导,如定期举办水资源管理培训,提高农户的水资源管理意识和技能,是提升水资源利用效率的重要措施。第五,水价政策的制定和调整应基于充分的科学研究和实地调查,综合考虑不同地区、不同作物的实际水资源需求和经济承受能力,实现水价政策的精细化和差异化管理,以此确保水价政策能够有效地促进农业用水效率的提升,支持塔里木河流域绿色发展目标的实现。通过这样的多维度策略,塔里木河流域能够在确保农业生产需求的同时，有效提升水资源的利用效率，走向更加可持续和绿色的发展道路。本书研究结果表明，塔里木河流域农业水价对农业用水效率具有正向影响，为南疆农业水价综合改革提供了一定政策参考。

在对塔里木河流域农业用水效率影响因素的深入分析中，我们发现单位作物地膜覆盖面积的增加、人均 GDP 的提高、单位播种面积节水灌溉机械台数的提升以及经济作物种植面积的扩大，均对提升农业用水效率具有显著正向作用。这些因素共同反映了技术进步、经济发展水平、农业生产方式的现代化以及作物结构调整对农业用水效率的重要影响。第一，地膜覆盖技术在干旱地区尤其重要，它不仅减少了地表蒸发，而且通过保持土壤水分，促进了作物生长和产量提高。这说明，提升农业用水效率的技术创新不仅限于灌溉设备的改进，还包括农业种植技术的优化。因此，加大对农业科技研发的投入，推广高效节水技术，对提高干旱区农业用水效率至关重要。第二，人均 GDP 的提高反映了地区经济发展水平的提升，这通常伴随着农业生产条件的改善和农业生产方式的现代化。经济发展为农业用水效率的提升提供了必要的资金支持，包括用于购买节水灌溉设备、改进农业基础设施等。这表明，经济增长和农业用水效率提升之间存在正向关联，强调了在推动经济发展的同时，应注重农业生产方式的绿色转型。第三，节水灌溉机械的普及是提升农业用水效率的直接因素。节水灌溉技术如滴灌、喷灌等，能够显著提高水资源的利用效率，减少水资源的浪费。这要求政府和相关部门加大节水灌溉技术推广的力度，提供技术支持和财政补贴，鼓励农户采用节水技术。第四，经济作物种植面积的扩大对提高农业用水效率也起到了积极作用。通过优化作物结构，种植高经济价值且适应当地水土条件的作物，可以有效提高水资源的经济效益。这要求政府和农业管理部门加强对农业种植结构的指导，鼓励种植高效益、低耗水的作物。第五，尽管年降水量对农业用水效率的影响较小，但这不意味着可以忽视对水资源本身的管理和保护。合理规划水资源的利用和保护，提高水资源管理的效率，对干旱区的农业发展同样重要。因此，提升塔里木河流域农业用水效率需要综合考虑技术创新、经济发展、农业生产方式的现代化及作物结构的优化等多方面因素。通过政策引导、技术支持和资金投入等手段，促进农业用水效率的全面提升，为塔里木河流域的绿色发展奠定坚实的基础。

第二产业产值占比对农业用水利用效率的影响是负向的。这可能是由于第二产业的产值占比反映了农业在整个经济结构中的地位，第二产业产值占比越大，农业的产值占比越小，农业用水带来的产出越小，拉低了农业用水效率。而粮食作物种植面积对农业用水效率的影响不显著，这可能是目前该流域的种植业还未达到精细化耕作的水平，对农业用水效率的影响较小（见表5-2）。

三　研究的深化与拓展

在对塔里木河流域农业用水效率的深入探讨中，本书揭示了几个关键的未来研究方向，这些方向不仅有助于更精确地理解和评估区域内的农业用水效率，而且为进一步提升该流域农业用水的可持续性提供了重要参考。

首先，关于研究尺度的问题，本书通过分析多年的统计数据得出了宏观层面的结论。然而，农业用水效率受到多种因素的影响，包括土地利用方式、灌溉技术、作物种植结构等，这些因素在微观尺度上可能呈现更加复杂的动态变化。因此，未来研究应考虑采用地理信息系统（GIS）和遥感技术等手段，对特定农田或小流域进行详细的实地调查和分析。这样不仅可以获得更加详细的数据，而且能深入理解农业用水效率在空间上的细微差异，为制定更为精确的水资源管理策略提供依据。

其次，关于农业用水效率空间分异的驱动机制分析，本书虽然对流域内各县（市）农业用水效率进行了初步探讨，但对其背后的深层次原因尚未进行深入分析。未来研究可利用定量分析方法，如结构方程模型（SEM）等，探讨不同因素如气候条件、土壤特性、灌溉技术、支持政策等如何影响农业用水效率的空间分异。通过揭示这些驱动机制，可以为区域水资源的合理配置和高效利用提供科学依据。

最后，关于新型农业用水管理形式的影响分析，本书指出了阶梯水价政策的出现可能对农业用水效率产生重要影响。未来研究应当关注这些新型管理形式的实际效果，通过对比分析实施前后的农业用水效率变化，评估这些管理措施的有效性。此外，研究还应考虑不同管理形式对农户行为的影响，以及这些行为变化如何反过来影响农业用水效率。这要求未来研究采用更加综合的方法论，结合定量分析和定性访谈，深入了解新型农业用水管理形式的社会经济效应。

综上所述，塔里木河流域农业用水效率的提升是一个多方面、多层次的复杂问题。通过对上述讨论点的进一步拓展，未来的研究将能够更加全面、深入地理解和解决该地区农业用水效率低下的问题，为实现塔里木河流域的绿色发展和水资源的可持续利用提供坚实的科学支撑。

四　本章小结

本书利用 SBM-undesirable 模型测算了塔里木河流域 46 个县（市）2015~2020 年的农业用水效率，采用 GIS 空间分析和核密度估计方法探究用水效率的时空演变格局，并依据 SDGs 框架选取影响农业用水效率的因素，借助 Tobit 模型分析了各因素的影响力。基于以上测算和分析，本章得出如下结论：①考虑了水污染的塔里木河流域农业用水效率处于较低水平，南疆兵团的农业用水效率总体上高于各地州，也高于地区平均水平。②塔里木河流域内各县（市）间农业用水效率差异较大，效率较高的县（市）主要分布于流域东西两侧，随着时间的推移，效率较高的县（市）开始集中在流域西南部，效率分布重心呈现自中部向西南部迁移的趋势。③水价对塔里木河流域各县（市）农业用水效率有着极其重要的影响，对于原有水价较低的地区，水价越接近供水成本，农业用水效率越高，且水价的细微变动就能引起农业用水效率的较大改变。④在影响塔里木河流域各县（市）农业用水效率的技术性因素中，除了节水设施的完善程度对农业用水效率的提升存在较大影响以外，地膜的覆盖也能通过减少蒸发提升农业用水效率。

第六章 社会生态系统（SES）框架下塔里木河流域农业水资源利用效率

第五章使用面板数据对塔里木河流域农业用水效率时空格局及影响因素进行了分析，为了探索塔里木河流域农业用水的效率问题，本章将深入探讨塔里木河流域在社会生态系统（SES）框架下的农业水资源利用效率，通过引入全面的环境视角，采用 Malmquist 全要素生产率指数模型，对水资源的利用效率进行综合分析。该模型不仅考虑了传统的投入产出比率，还综合考量了水资源利用的多维度影响，包括经济、生态环境及社会三个方面的内涵，以期达到对水资源利用效率更加全面和深入的理解。

一是经济内涵，即在同等条件下，以相同或者更少的水资源投入获得更多的经济产出（Lopez-Gunn, et al., 2012）。本书关注的是如何在保证水资源可持续利用的前提下，通过有效的管理和技术创新，提高水资源在农业生产中的经济产值。这不仅意味着用更少的水资源投入实现更大的经济产出，也意味着通过提高水资源利用的效率，促进区域经济的健康发展。这一点对塔里木河流域这样一个水资源相对紧张的区域尤为重要，经济内涵的提升有助于实现水资源的高效配置和利用，进而推动区域经济的可持续发展。

二是生态环境内涵，即在实际生产过程中逐步减少水资源利用的非期望产出对生态环境的破坏（Friedman, 2012）。本书着重考虑如何在农业生产过程中减少对水资源的依赖，降低水资源利用的非期望产出，如污染物排放，从而降低对生态环境造成的破坏。这要求我们在水资源管理和农业生产实践中采取有效措施，如改进灌溉技术、推广节水作物等，减少水资源的消耗和污染，保护和改善生态环境。通过实现水资源利用的生态效益最大化，为塔里木河流域的生态系统提供更加稳定和健康的发展环境。

三是社会内涵，即对水资源的利用，是以不断满足人类发展对物质和精神消费的需求为目的，实现社会的包容性发展（Zhang，et al.，2014）。本书强调水资源利用不仅仅是为了满足当前的经济和生态需求，更重要的是要考虑其对社会的长期影响，包括提高人民生活水平、促进社会公平与包容性发展等。这意味着水资源的利用和管理需要考虑广泛的社会因素，确保水资源的利用能够满足人们对物质和精神生活的需求，促进社会的全面发展。通过强调水资源利用的社会效益，我们可以更好地理解和实践水资源在促进人类福祉提升和社会进步中的重要作用。

由此可见，水资源效率的三种内涵包含着永续发展的绿色化内涵，追求经济效益、生态效益和社会效益的统一，故相比于传统的水资源利用效率，该指标能够更为全面真实地反映农业用水实现经济、社会、生态可持续发展的程度（孙才志等，2017）。

一 社会生态系统（SES）框架下 水资源利用效率的分析逻辑

目前，学界关于农业用水效率的研究主要集中在农业用水效率测度、农业用水效率影响因素分析、农业用水效率评价三大方面。研究大多基于多年的面板数据或实地调查数据，采用非参数估计法中的数据包络分析法（Data Envelopment Analysis，DEA）和参数估计法中的随机前沿分析法（Stochastic Frontier Approach，SFA）对全国各省份、某地区或某省的农业用水效率进行测算。其中，数据包络分析法除了采用传统的 DEA 分析法（潘忠文等，2020；Lv T.，et al.，2021）以外，通常还与 Tobit 模型（李青松等，2022）、Malmquist 指数法（张可等，2017；沈晓梅等，2022）相结合，以测算具体因素影响下的效率。近年来，许多学者开始采用考虑了松弛性的 SBM（Slacks-based Measure）模型，在使用 SBM 时，越来越多的学者将农业生产对环境造成的负面影响考虑在内，测算包含非期望产出的农业用水效率（曾昭等，2013；焦勇等，2014）。也有学者采用超效率

SBM 模型对农业用水效率进行测度（Geng Q.，et al.，2019；赵丽平等，2020）。

本次调研问卷遵循诺贝尔经济学奖获得者埃莉诺·奥斯特罗姆（Elinor Ostrom）提出的社会生态系统（SES）框架进行设计（见表 6-1），构建了绿色发展背景下的农村社会生态系统框架 GD-SES 框架（见表 6-2），基于 GD-SES 框架，采用 Tobit 模型分析农业用水效率的影响因素。

表 6-1　社会生态系统（SES）框架变量结构

经济、社会、政治治理（S）		
S1-经济发展；S2-人口趋势；S3-政策稳定性；S4-其他治理系统；S5-市场化；S6-媒体组织；S7-技术		

资源系统（RS）	治理系统（GS）	
RS1-部门	GS1-政府组织	
RS2-系统边界是否清晰	GS2-非政府组织	
RS3-资源系统规模	GS3-网络结构	
RS4-人造设施	GS4-产权系统	
RS5-系统生产力	GS5-操作规则	
RS6-系统平衡性	GS6-集体选择规则	
RS7-系统动态可预测性	GS7-宪制规则	
RS8-系统可储存性	GS8-监督和制裁规则	
RS9-位置		

资源单位（RU）	使用者（U）	
RU1-可移动性	U1-相关行动者数量	
RU2-增减或更替率	U2-行动者的社会经济属性	
RU3-资源单元交互性	U3-资源利用历史和经验	
RU4-经济价值	U4-行动者和资源的地理关系	
RU5-单位数量	U5-领导力/企业家精神	
RU6-可区分特征	U6-社会规范/社会资本	
RU7-时空分布	U7-对所聚焦的 SES 的认知方式	
	U8-资源的依赖性	
	U9-可选技术	

互动（I）→结果（O）		
I1-资源收获水平	I6-游说活动	O1-社会绩效度量（集体行动）（比如效率、公平、责任、社会可持续性）
I2-信息分享情况	I7-自组织活动	

I3-协商过程	I8-网络活动	O2-生态绩效度量
I4-冲突情况	I9-监督活动	（比如过度利用、恢复力、生物多样性、生态可持续性）
I5-投资活动	I10-评估活动	O3-对其他 SES 的影响/外部性
相关生态系统（ECO）		
ECO1-气候情况；ECO2-污染情况；ECO3-所聚焦的 SES 的流入和流出		

表 6-2　GD-SES 框架

第一层级变量	第二层级与第三层级变量
社会、经济、政治背景设定（S）	S4-其他治理系统
	S4-a 绿色发展
资源系统（RS）	RS3-资源系统规模
	RS3-a 水资源丰歉程度
资源单位（RU）	RU5-单位数量
	RU5-a 作物种植面积
	RU6-可区分特征
	RU6-a 耕地块数
治理系统（GS）	GS1-政府机构
	GS1-a 农业水价
使用者（U）	U2-行动者的社会经济属性
	U2-a 户主年龄
	U2-b 户主受教育程度
	U2-c 种植业收入占比
	U3-资源利用历史和经验
	U3-a 是否采用农业节水措施
	U3-b 粮食作物占比
	U3-c 经济作物占比
	U8-资源依赖性
	U8-a 灌溉水紧缺程度感知
	U8-b 节水意愿
	U9-可选技术
	U9-a 是否使用滴灌
互动（I）→结果（O）	O1-社会绩效度量；O2-生态绩效度量
	O1&O2-a 农业用水效率

在农业用水效率影响因素的选取方面，学界目前还没有形成统一的标准，现有研究在影响因素的选取方面大多根据主观经验（杨扬等，2016；梁静溪等，2018），往往缺乏系统性。由于农业用水效率属于水资源综合利用绩效的一种，而水资源属于典型的公共事物，受到了资源系统、治理系统、使用者等多方面力量的作用，因此本书引入专门用于分析公共事物的治理与使用的逻辑框架——SES 框架，即社会生态系统框架。SES 框架为我们提供了一种强有力的分析工具，以深入理解和解释塔里木河流域水资源利用的复杂性和多维性。通过将生态学、经济学、社会学、政治学等跨学科知识纳入分析，SES 框架帮助我们构建了一个全面的理论架构，从而能够更准确地识别和评估影响农业用水效率的多种因素（见图 6-1）。

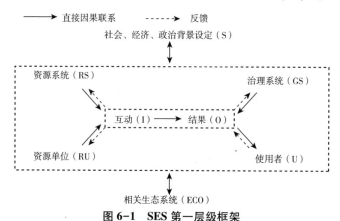

图 6-1　SES 第一层级框架

在 SES 框架下，农业用水效率不仅被视为一个技术或经济问题，而且被认为是一个社会生态问题，涉及水资源的可持续管理和利用。这种观点强调了农业用水效率的复合性概念，即它不仅关乎水资源的经济利用效率，还包含了社会公平性和生态可持续性考量。

第一，经济维度。在经济学视角下，农业用水效率的提高意味着以最少的水资源投入获得最大的经济产出，这要求对水资源的分配和利用进行有效的经济激励和调控。然而，单纯的经济效率追求可能会忽视资源的长期可持续性和社会公正性。

第二，社会维度。社会学视角强调水资源利用的社会影响和社会公正。水资源的分配和利用政策不仅需要考虑经济效率，还需要确保各社会群体的利益得到公平对待，特别是弱势群体的水权和水利益。此外，社会文化因素也会影响水资源的管理和保护，如地区的水文化、水资源管理的传统知识等。

第三，生态维度。从生态学角度出发，农业用水效率的提高需要保证生态系统的完整性和功能，维持生物多样性，防止生态退化。这意味着水资源的利用不能超过生态系统的承载能力，需要考虑水资源利用对生态环境的潜在影响。

第四，政治维度。政治学视角关注水资源管理的政策制定、法律框架以及治理结构。有效的水资源政策和治理机制是提高农业用水效率的关键，这包括水资源的权属明晰、利用规则的制定、冲突解决机制的建立等。

将这些跨学科的视角整合到 SES 框架中，不仅有助于我们全面理解塔里木河流域农业用水效率的影响因素，而且能够指导我们制定更加综合、平衡的水资源管理策略。这种策略不仅追求经济效益的最大化，还考虑社会公正和生态可持续性。

SES 框架由多个层级的变量组成，在第一层级中，4 个子系统——资源系统（RS）、资源单位（RU）、治理系统（GS）、行动者（U）共同影响着行动舞台中的互动过程（I）与集体行动的结果（O），同时所有变量间的互动过程和互动结果还会受到两个代表总体环境的子系统的影响，即经济、社会、政治背景设定（S）和相关生态系统因素（ECO）。

一是资源系统（RS）和资源单位（RU）。这两个子系统共同构成了水资源利用的物理基础。资源系统指的是整个水资源的自然状态和特征，包括水量、水质以及水资源的自然分布等。资源单位则更侧重于水资源的具体利用单元，如农田灌溉、城市供水等。在塔里木河流域，这意味着要考虑河流的流量变化、水质状况以及水资源分配的具体方式，这些因素直接影响着水资源的可用性和利用效率。

二是治理系统（GS）。治理系统涉及水资源管理和利用的政策、法规、制度以及执行机构。有效的治理系统能够确保水资源的合理分配和高效利用，包括水权分配、水价政策、水资源保护法律等。在塔里木河流域，建立和完善水资源管理的法规体系，加强跨区域水资源管理的协调和合作，都是提高农业用水效率的关键。

三是行动者（U）。行动者包括所有参与水资源利用、管理和保护的个体和集体，如农户、企业、政府机构和非政府组织等。这些行动者的决策、行为和相互作用会对水资源利用效率产生重要影响。例如，农户的灌溉技术选择、企业的水资源节约措施、政府的水资源管理政策等，都是影响农业用水效率的重要因素。

四是互动过程（I）和集体行动的结果（O）。互动过程描述了行动者之间以及行动者与资源系统、治理系统之间的相互作用。集体行动的结果则是这些互动过程的综合体现，包括水资源利用的效率、公平性以及可持续性等。在塔里木河流域，如何通过促进各方行动者的有效合作、增强治理能力和提高公众参与度来实现水资源利用的优化和效率提升，是一个重要的研究课题。

五是经济、社会、政治背景设定（S）和相关生态系统因素（ECO）。这两个子系统提供了分析的宏观背景和环境条件。经济、社会、政治背景包括区域经济发展水平、社会结构、政治体制等，这些因素为水资源管理提供了外部环境和制度框架。相关生态系统因素则涉及水资源利用对生态环境的影响，以及生态系统对水资源利用的反馈作用。在塔里木河流域，考虑到该地区干旱、水资源紧张的自然条件和经济社会发展的需要，在保护生态环境的同时合理利用和管理水资源，是实现绿色发展的关键。

通过对这些子系统的深入分析，SES框架帮助我们构建了一个多维度、动态的分析模型，使我们能够更系统地理解和解决塔里木河流域农业水资源利用效率问题，为该地区的水资源管理和绿色发展提供科学的指导和策略建议。

本书基于SES二级框架构建了绿色发展背景下的农村社会生态系统框架，即GD-SES框架（见表6-2），并将该框架变量分解到了第三层级。GD-SES框架旨在分析和解释农业用水效率与绿色发展之间的复杂关系，通过对多重变量的互动作用进行系统性分析，揭示如何通过提高农业用水效率促进绿色发展。在此基础上，我们将进一步探讨框架中的关键要素及其相互作用，以及这些要素如何共同影响社会绩效和生态绩效。

在GD-SES框架中，农业用水效率是多重变量相互作用的结果，属于互动（I）与结果（O）中社会绩效度量（O1）和生态绩效度量（O2）层面的变量，由于本书测算的农业用水效率本身已经包含绿色发展的内涵，故不再引入更多的变量来表征绿色发展。

互动（I）的多重维度：在 GD-SES 框架中，互动（I）不仅包括行动者之间的直接互动，如农民、政府机构、企业和非政府组织之间的合作与协调，还包括行动者与环境之间的互动，以及行动者对政策和技术创新的响应。例如，农民如何采纳节水灌溉技术，政府如何制定和执行水资源管理政策，企业如何开发和提供节水技术与服务，都是互动过程中的关键要素。

社会绩效度量（O1）：社会绩效反映了农业用水效率提高对社会的直接影响，包括但不限于经济福利的增加、农民收入的提高、水资源分配的公平性以及社会稳定性的提升。在评估社会绩效时，需要考虑节水措施的成本效益分析，以及这些措施对不同社会群体的影响，确保节水成果的公平分享。

生态绩效度量（O2）：生态绩效衡量的是农业用水效率提高对生态系统的影响，主要关注水资源的可持续利用、生态系统健康、生物多样性的保护以及对抗气候变化的能力。提高农业用水效率不仅有助于减少对水资源的过度开采，还有助于保护和恢复水生态系统，减小农业活动对环境的负面影响。

绿色发展的内涵：由于本书测算的农业用水效率本身已经包含绿色发展的内涵，故不再引入更多的变量来表征绿色发展。绿色发展强调经济增长与环境保护的协调，追求资源的高效利用和环境的可持续性。因此，通过提高农业用水效率，实现水资源利用的最大化和环境影响的最小化，本身就是推动绿色发展的重要途径。

通过对 GD-SES 框架的深入分析，我们可以更清晰地理解农业用水效率与绿色发展之间的复杂关系，以及如何通过系统性的策略和措施，促进农业用水效率的提高和绿色发展的实现。在该框架中，本书选择水资源丰歉程度（RS3-a）作为资源系统（RS）方面的三级变量；选取作物种植面积（RU5-a）、耕地块数（RU6-a）作为资源单位（RU）方面的三级变量；选取户主年龄（U2-a）、户主受教育程度（U2-b）、种植业收入占比（U2-c）作为使用者（U）的社会经济属性表征，选取是否采用农业节水措施（U3-a）、粮食作物占比（U3-b）、经济作物占比（U3-c）作为使用者的资源利用历史和经验表征，选取灌溉水紧缺程度感知（U8-a）、节水意愿（U8-b）作为使用者对资源的依赖性表征，选取是否使用滴灌（U9-a）作为使用者可选技术表征。研究表明，农业水价会对农业用水效率产生影响，故将农业水价（GS1-a）纳入治理系统（GS）的三级变量。变量的相关统计特征见表 6-3。

表 6-3 GD-SES 框架相关变量统计特征

SES 属性	变量名称	变量定义及单位	样本均值	标准差	最大值	最小值	样本容量
情境变量(I→O)	农业用水效率(EF)	塔里木河流域农业用水效率	0.1844	0.2014	1	0.0012	531
资源系统(RS)	水资源丰歉程度(F)	当地水资源是否能满足灌溉用水:完全不满足=1,不满足=2,基本满足=3,满足=4,完全满足=5	4	1	5	1	531
资源单位(RU)	作物种植面积(Z)	单位:亩	30.1495	41.7421	600	0.2	531
	耕地块数(K)	单位:块	3.6026	21.6657	11	1	531
使用者(U)	户主年龄(N)	单位:周岁	46.6742	10.8675	90	22	531
	户主受教育程度(E)	小学及以下=1,初中=2,高中=3,大专及以上=4	1.7269	0.9001	4	1	531
	种植业收入占比(S)	单位:%	43.7891	34.9335	100	0	531
	粮食作物占比(L)	单位:%	33.5537	41.7984	100	0	531
	经济作物占比(J)	单位:%	66.452	41.7922	100	0	531
	是否采用农业节水措施(C)	是=1,否=0	0.7458	0.4732	1	0	531

144

续表

SES属性	变量名称	变量定义及单位	样本均值	标准差	最大值	最小值	样本容量
使用者（U）	灌溉水紧缺程度感知（Q）	当地农田灌溉水紧缺程度：严重不足=1，不足=2，基本够用=3，充足=4，非常充足=5	3.774	1.0415	5	1	531
	节水意愿（Y）	是否愿意采取节水措施：是=1，否=0	0.9266	0.2611	1	0	531
	是否使用滴灌（D）	是=1，否=0	0.5518	0.4978	1	0	531
管理系统(GS)	农业水价（P）	单位:元/立方米	0.1406	0.037	0.18	0.07	531

学界关于农业用水效率及农业用水效率的研究为本书提供了很好的方法借鉴，结合研究区的实际情况，本章选取目前应用较广泛的 SBM 模型测度塔里木河流域 2021 年的农业用水效率，并基于 SES 框架构建绿色发展背景下的 GD-SES 框架，采用 Tobit 模型进一步分析各因素对农业用水效率的影响，以期探明塔里木河流域农业用水效率现状和效率影响机制，为流域农业水资源的高效利用提供趋势参考，逻辑路线如图 6-2 所示。

二　数据来源与结果

（一）数据来源

本书所使用的数据来源于课题组成员 2022 年 1 月对塔里木河流域阿克苏地区、喀什地区、和田地区、巴音郭楞蒙古自治州、克孜勒苏柯尔克孜自治州及南疆兵团阿拉尔市、图木舒克市、昆玉市等多个地区的实地调

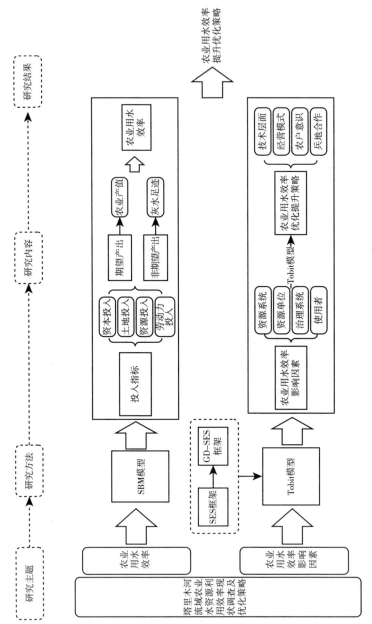

图6-2 社会生态系统（SES）框架下水资源利用效率的逻辑线路

研。在上述地区抽取部分乡镇的部分农户开展问卷调查，共发放问卷891 份，回收问卷891 份，回收率为100%，经过相关指标筛选，参与本报告分析的问卷共531 份，其个体统计特征见表6-3。其中，531 户调查样本的户主年龄平均为46.67 岁，受教育程度普遍偏低（小学及以下赋值为1），多为小学与初中，大多为维吾尔族农户，占比高达88.14%，播种面积平均为30.26 亩，使用滴灌的户数占比51.98%（见表6-4）。

表6-4　塔里木河流域农户样本个体特征

变量	样本个数	均值	占比%	最小值	最大值
农户年龄（周岁）	—	46.67	—	22	90
受教育程度	—	1.73	—	1（小学及以下）	4（大专及以上）
维吾尔族农户（户）	468	2.86	88.14	—	—
播种面积（亩）	—	30.26	—	0.2	600
使用滴灌（户）	276	0.83	51.98	—	—

（二）结果分析

1. 塔里木河流域农业用水效率分析

塔里木河流域水资源形势严峻，一方面水资源紧缺，用水结构尚需优化，产业结构中农业占主导，农业用水量约占流域总用水量的96%；另一方面该流域种植业年均氮肥施用量达 $4.86×10^5$ 吨，农业面源污染加剧了流域的水资源紧缺，极大地制约了流域农业的绿色发展及当地经济社会的可持续发展。而实现农业的有序合理用水，提升农业用水效率，是解决农业用水问题的有效途径。在此背景下，本章利用调查问卷数据，结合灰水足迹理论，从微观的视角对塔里木河流域农业水资源利用效率进行测度分析，以期掌握流域农业水资源的利用情况，为有针对性地提出提升该流域农业用水效率的对策做铺垫。

参考张可等（2017）、沈晓梅等（2022）、李青松等（2022）的研究，基于数据的可获得性、科学性、客观性、一致性原则，本书根据农业生产所需要投入的劳动力、土地和资本要素，分别选取农业劳动力（人）、农作物播种面积（亩）、农业用水量（立方米）、化肥农药支出（万元）、机耕服务（万元）作为投入指标。

在对塔里木河流域农业用水效率进行深入分析时，考虑产出的可持续性及其对环境的影响是至关重要的。这种分析不仅关注农业活动所产生的直接经济价值，而且重视其可能带来的环境成本。因此，本书采用的指标体系旨在全面评估农业用水效率，通过同时考虑期望产出和非期望产出，更准确地反映水资源利用的真实效率和可持续性。选择农业总产值（万元）作为期望产出指标，是因为它能直观地反映农业用水活动的经济效益。农业总产值包含了包括种植业在内的所有农业活动产生的总价值，是评价农业生产总体水平和经济贡献的重要指标。考虑到塔里木河流域独特的地理和气候条件，农业总产值的提升不仅意味着经济效益的增加，也反映了水资源利用效率的提高。非期望产出指标选择农业（种植业）灰水足迹（立方米）表征，非期望产出的考量是本书的一个亮点，特别是农业（种植业）灰水足迹的引入。灰水足迹是指生产过程中产生的污染负荷所需的水量，它衡量的是农业生产带来的环境压力和潜在损害。在塔里木河流域这样一个水资源稀缺的地区，灰水足迹的控制尤为重要。通过将农业（种植业）灰水足迹作为非期望产出指标，本书不仅关注农业生产的经济效益，而且重视其环境成本，从而更全面地评价农业用水效率。指标说明详见表6-5，相关变量统计值详见表6-6。

表6-5　塔里木河流域农业用水效率测度指标选取

维度	指标	指标含义
投入指标	农业劳动力	劳动力投入
	机耕服务	资本投入
	化肥农药支出	资本投入
	农业用水量	水资源投入
	农作物播种面积	土地资源投入
期望产出	农业总产值	经济效益
非期望产出	农业（种植业）灰水足迹	环境效益

表 6-6　塔里木河流域农业用水效率投入产出指标数据的描述性统计

变量	样本个数	均值	标准差	最小值	最大值
农业劳动力（人）	531	1.6516	0.5	1	4
农作物播种面积（亩）	531	30.2622	102.5	0.2	600
农业用水量（立方米）	531	2.8638	7.9582	0.036	175
化肥农药支出（万元）	531	7.4854	2.4570	0	30.6
机耕服务（万元）	531	0.4045	1.3250	0	10.2
农业总产值（万元）	531	6.1495	0.5000	0.019	165
农业灰水足迹（立方米）	531	4159.0672	3186.6162	0	113136.2792

通过上述指标的选取，本书旨在构建一个更为全面和细致的分析框架，以评估塔里木河流域农业用水效率的时空格局及其影响因素。这种方法不仅能够揭示农业用水的经济效益，也能够反映水资源利用对环境的影响，为制定更有效的水资源管理策略和促进区域绿色发展提供科学依据。

在进一步的分析中，相关变量的统计值将被用于定量评估农业用水效率及其对经济和环境的综合影响。通过对比分析不同时间和空间下的农业用水效率，可以识别影响农业用水效率变化的关键因素，为提出改进措施和政策建议提供支持。此外，通过深入探讨期望产出与非期望产出之间的关系，本书将进一步揭示水资源利用与绿色发展之间的内在联系，为实现塔里木河流域的可持续发展目标提供重要指导。

2. 塔里木河流域农业用水效率总体分析

借助 Matlab 软件，利用 SBM 模型测算塔里木河流域 2021 年 531 个农户样本的农业用水效率，并参考相关学者的研究成果（焦勇等，2014），对效率值进行水平分级，将结果呈现在表 6-7 和图 6-3 中。通过对 531 个样本的综合评估，我们观察到农业用水效率的分布呈现明显的偏态，这一发现指出了几个关键的问题和潜在的改进方向。首先，农业用水效率的低下集中在大部分农户，其中低水平和较低水平的样本占总样本的 91.52%，这一比例极为显著。这说明大多数农户在水资源利用上存在较大的提升空间，特别是在实施更加高效的灌溉技术和水资源管理策略方面。此外，中等水平样本的占比不足 10%，暴露了水平等级结构的极度不平衡，这一结构性问题需要通过政策引导和技术支持来改善。其次，从

样本数据的分布情况来看，低于平均值的样本有 367 个，占比达 69.11%，
而达到或高于平均数值的样本数据仅 164 个，占比 30.89%。这种分布的
不均衡进一步验证了塔里木河流域农业用水效率普遍偏低的现状。该现象
表明，尽管部分地区或农户可能已采取措施提高用水效率，但整体而言，
流域内的水资源利用效率仍然存在显著的提升空间。

表 6-7   2021 年塔里木河流域农户农业用水效率分布情况

效率等级	效率值区间	样本数量	所占份额(%)
低	0~0.2	385	72.50
较低	0.2~0.4	101	19.02
中等	0.4~0.6	17	3.20
较高	0.6~0.8	6	1.13
高	0.8~1.0	22	4.14

此外，农户间农业用水效率数值差距较大。其中效率最大值为 1，最
小值为 0.0012，表明不同农户在农业生产中的水资源绿色使用效率差异
较大。仅兵团阿拉尔市、图木舒克市、昆玉市及喀什地区、巴音郭楞蒙古
自治州地区存在部分农户农业用水效率数值达到 1，即达到有效状态，而
流域内其他地区均不存在效率数值达到有效状态的农户。农户间的用水效
率存在显著差异，揭示了该地区农业水资源管理和利用的不均衡性，表明
在水资源的绿色使用效率方面，部分农户能够实现高效利用，而另一些农
户则处于相对低效的状态。从地区层面来看，塔里木河流域各地区间农业
用水效率存在明显的差异（见图 6-3），反映了该流域内不同地区在水资
源管理和农业生产实践方面存在差异。这种效率的地区差异揭示了一个关
键的问题：尽管所有地区的平均效率值都未能达到理想的有效状态（即
效率值为 1），但各地区之间的差距指向了潜在的改进空间和策略。昆玉
市虽然在地区比较中表现最好，农业用水效率平均值达到了 0.25546，但
这个数值依然远低于理想状态，表明即便是表现最佳的地区也存在显著的
效率提升空间。相对而言，和田地区的平均值仅为 0.09891，这不仅意味
着该地区的农业用水效率极低，而且表明其效率损失极大，这对水资源紧
张的塔里木河流域来说，无疑加重了水资源的压力。这种地区间的差异可

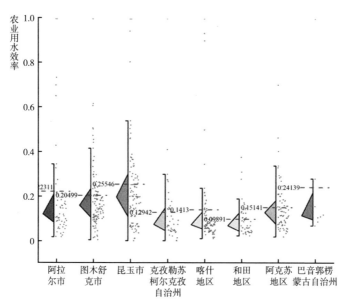

图6-3　塔里木河流域各地区农业用水效率分布

能由多种因素造成，包括但不限于技术应用、管理策略、农业生产模式、地理环境和气候条件等。例如，在技术应用方面，采用现代灌溉技术的地区往往能够实现更高的用水效率；在管理策略方面，有效的水资源管理和合理的水价政策可以激励农户提高水资源利用效率；在农业生产模式方面，选择适应当地环境条件的作物种植结构和生产方式可以提高整体的用水效率。

3. 塔里木河流域农业用水效率异质性分析

（1）规模异质性分析

根据第三次全国农业普查的标准，规模农业经营户是指一年一熟制地区露地种植农作物的土地面积在100亩（6.67公顷）及以上、一年二熟及以上地区露地种植农作物的土地面积在50亩（3.33公顷）及以上。参考以上标准，本章将农户问卷数据按种植面积划分为小农户经营主体和规模经营主体（见表6-8），其中小农户经营主体占比82.5%，规模经营主体占比17.5%，可知塔里木河流域农业中的种植业发展以小农户经营为主，规模化种植发展程度较低。

在塔里木河流域农业用水效率的分析中，本书对不同种植规模农户的用水效率进行了细致考察，揭示了种植面积与农业用水效率之间的复杂关系。通过表6-9的数据，我们可以观察到一个有趣的现象：在小规模种植（面积小于50亩）时，农业用水效率较高，为0.186，然而当种植规模增加到50亩及以上时，效率反而略有下降，为0.172。这一结果初看似乎与常理相悖，因为一般预期随着规模经济的增长，效率应该提升。然而，当我们进一步细分50~100亩和100亩及以上的种植规模时，发现了更加细致的趋势。对于50~100亩的种植规模，农业用水效率略有提升，为0.188，而当种植面积为100亩及以上时，用水效率显著提高至0.236。这一发现表明，随着种植面积的增加，在一定规模以上农业用水效率实际上呈现提升的趋势。这种现象的背后可能有多种解释。首先，较大规模的农业生产单位更有可能采用现代化的灌溉技术和水资源管理策略，如采用滴灌和喷灌等高效灌溉技术，这些技术能够更精确地控制水量，减少水资源的浪费，从而提高用水效率。其次，大规模种植的农户或企业可能具有更强的资本和技术投入能力，能够对水资源的高效利用和土壤水分管理技术进行投资，进一步提升水资源利用效率。

表6-8 农户种植类型划分

所属类型	种植面积（亩）	样本数量	占比（%）
小农户经营	（0,50）	438	82.5
规模经营	[50,100）	70	13.2
	[100,+∞）	23	4.3

表6-9 不同农户种植类型的农业用水效率

所属类型	种植面积（亩）	样本数量（个）	占比（%）	农业用水效率均值
小农户经营	（0,50）	438	82.5	0.186
规模经营	[50,+∞）	93	17.5	0.172
	[50,100）	70	13.2	0.188
	[100,+∞）	23	4.3	0.236

（2）地区异质性分析

对比兵团与地州之间的用水效率差异，本书发现了一些显著的趋势。

根据图6-4的数据，可以观察到兵团的农业用水效率普遍高于地州。这一差异不仅揭示了两者在农业水资源管理和利用方面的差距，而且指向了提高农业用水效率的潜在途径。

兵团之所以能够实现更高的农业用水效率，主要得益于其在"三大基地"建设中的积极推进。这些基地分别是高效农业基地、节水灌溉基地和农业科技创新基地。通过这些基地的建设，兵团不仅引进了先进的节水灌溉技术和管理方法，而且促进了节水农业模式的研发和应用。此外，兵团职工对高效节水理念和模式的广泛接纳，以及他们在实践中掌握和应用高效节水技术，也是提高用水效率的关键因素。相比之下，地州在这些方面可能存在一定的不足。这可能包括技术引进和应用的滞后、节水意识的不足，以及高效节水技术管理方法的缺乏等。因此，地州在提高农业用水效率方面面临更多的挑战。

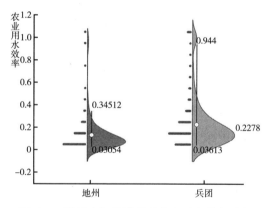

图6-4　塔里木河流域兵地农业用水效率对比

三　塔里木河流域农业用水效率影响因素

（一）塔里木河流域农户农业用水效率影响因素

利用Tobit模型分析塔里木河流域农业用水效率的影响因素，将结果呈现在表6-10中。

表 6-10　塔里木河流域农业用水效率影响因素 Tobit 回归结果

解释变量	系数	Z 值	P 值
N	-0.0013	-1.55	0.122
E	-0.0162	-1.61	0.108
Z	-0.0005**	-2.43	0.016
K	-0.0004	-0.96	0.336
L	-10.2584	-0.94	0.349
J	-10.1899	-0.93	0.353
S	0.0747**	2.45	0.015
P	0.0304	0.12	0.907
C	0.0157	0.74	0.458
D	0.0508**	2.19	0.029
Q	-0.0755**	-2.09	0.037
Y	-0.0635**	-1.96	0.050
F	0.0837**	2.36	0.019

注：*** 表示在1%的显著水平下显著，** 表示在5%的显著水平下显著，* 表示在10%的显著水平下显著。

由表 6-10 可知，资源系统方面的水资源丰歉程度（F），资源单位方面的作物种植面积（Z），使用者方面的种植业收入占比（S）、节水意愿（Y）、灌溉水紧缺程度感知（Q）和是否使用滴灌（D），共 6 个因素通过了显著性检验。

其中，作物种植面积对农业用水效率的作用是负向的，即作物种植面积越大，农业用水效率越低，这一结果与前文的分析是一致的，前文提到，当种植面积小于 50 亩时，农业用水效率为 0.186，种植面积大于等于 50 亩时，效率为 0.172，即面积越大，效率反而越低，但在大于等于 50 亩的农户中进一步进行划分，可以发现种植面积在 50~100 亩时，农业用水效率为 0.188，种植面积大于等于 100 亩时，农业用水效率上升到了 0.236，即面积越大，效率越高。结合前文的分析内容，种植面积对农业用水效率提升的促进作用可能是具有一定临界值的，即在一定的种植面积范围内，种植规模扩大对农业用水效率的作用是积极的，而超过了一定限度，其对农业用水效率的作用可能是消极的，总体而言，从提高农业用水效率的层面来看，适度规模经营可能会带来较好的农业用水效益。

在经济学中，规模效益递减规律是一个重要概念，它指的是在生产过程中，当所有投入因素按相同比例增加时，生产的总产出将在达到一定规模后以递减的速率增加。这一规律同样适用于农业用水效率与种植面积的关系分析。根据前文的分析，我们可以看到，在塔里木河流域的农业生产中，种植面积对农业用水效率的影响表现了明显的阶段性特征。当种植面积较小时，农业用水效率较高，这可能是因为在较小的规模下，农户能够更精细地管理水资源，采用适当的灌溉技术，从而实现高效利用。当种植面积增加到一定程度后，由于规模效益的提升，农业用水效率也随之提高，这反映了规模扩大带来的经济效益和水资源利用的优化。然而，当种植面积继续增加，超过某一临界值后，规模效益递减规律开始显现，农业用水效率的提升速度放缓甚至出现下降。这可能是因为在过大的种植规模下，水资源的分配和管理变得更加困难，灌溉系统的效率可能下降，而且大规模的种植可能导致水资源的过度开发和利用，进一步降低了水资源的利用效率。因此，从规模效益递减规律的角度来看，种植面积对农业用水效率的促进作用确实存在一定的临界值。在这一临界值范围内，规模的扩大对农业用水效率是有益的，因为它能够通过规模经济带来更高的水资源利用效率。然而，一旦超过这一限度，规模的进一步扩大将导致农业用水效率的降低，因为此时规模效益递减的负面影响开始超过规模扩大带来的正面效应。综上所述，为了提高农业用水效率，实现水资源的可持续利用，适度的规模经营是非常重要的。这不仅要求农业生产者根据自身条件合理规划种植面积，还需要政策制定者和管理者通过科学的规划和合理的指导，引导农业生产走向适度规模经营的道路，从而在保障农业产出的同时，提高水资源的利用效率，促进农业绿色发展。

农户的灌溉水紧缺程度感知对农业用水效率的作用同样是负向的，即农户认为灌溉水越紧缺，农业用水效率越高。农户的灌溉水紧缺程度感知较高，不仅反映了水资源对其农业生产造成的不便较大，也反映了农户对农业水资源的关注和重视程度较高，对农业用水的情况较为敏感，间接反映了农户对农业水资源的认知会影响农业用水效率。这一发现揭示了农户对水资源紧缺状况的主观感知与农业用水效率之间存在复杂的关系。具体而言，当农户感觉到灌溉水资源变得更加稀缺时，他们往往会采取更加节约用水的措施，这种行为模式在一定程度上提高了农业用水效率，进而促进绿色用水效率的提升。首先，农户对灌溉水紧缺程度的高度感知，往往意味着他们在日常农业生产中遇到了较多的水资源获取难题。这种感知不仅反映了水资源紧缺对农业生产的直接影响，也暗示了农户对水资源管理和保护的高度重视。在水资源紧缺的情况下，农户更倾向采取高效灌溉技术，如滴灌、喷灌等节水灌溉方法，以减少水分的浪费，提高水资源的利用效率。其次，农户对灌溉水紧缺程度的感知还促使他们对农业用水进行更为精细的管理。例如，农户可能会根据作物的实际需水量和生长阶段合理安排灌溉计划，避免过量灌溉或不当使用水资源。此外，农户对水资源的重视还可能激发他们参与水资源保护和水土保持活动，进一步提高农业生产的可持续性。然而，这种由农户对灌溉水紧缺程度感知所引发的农业用水效率提升，并不意味着水资源紧缺是提高用水效率的理想状态。相反，它强调了加强水资源管理和提高水利设施建设水平的重要性。通过改善灌溉基础设施，引入和推广高效节水技术，以及加强农户水资源管理能力培训，可以在不增加水资源紧缺感知的前提下，实现农业用水效率的持续提升。因此，农户对灌溉水紧缺程度的感知与农业用水效率之间存在密切的联系。这种感知虽然在一定程度上促进了农业用水效率的提升，但更重要的是，它强调了加强水资源管理和技术创新的必要性。通过综合管理和技术创新，我们可以在保障农业生产需求的同时，提高水资源利用效率，促进该地区的绿色发展。

农户的节水意愿对农业用水效率的作用是负向的，即愿意采取节约用水措施的农户比不愿采取节约用水措施的农户用水效率低，这一发现在初步分析时似乎与常理相悖，因为我们通常认为较高的节水意愿会直接促进农业用水效率的提升。然而，进一步的考察表明，这一现象背后隐藏着复杂而合理的解释。首先，农户的节水意愿往往源于对当前农业用水效率不满以及对用水成本上升的担忧。在这种情况下，即使农户表达了节水的强烈愿望，但这种意愿往往是基于对现状的不满以及对未来改善的期望，而不一定意味着他们已经实施了有效的节水措施。换言之，强烈的节水愿望可能更多地反映了农户对当前低下的用水效率和高昂的水资源成本的态度，而非他们已经采取的实际行动。其次，实际采取节水措施的能力与农户的节水意愿之间可能存在脱节。在许多情况下，即便农户有节水的意愿，但缺乏必要的技术支持、资金投入或对高效节水技术了解不足等因素，可能阻碍农户将节水意愿转化为实际的节水行为。因此，农户的节水意愿并不总能直接转化为提高用水效率的实际行动。最后，农业用水效率的提升不仅仅依赖农户个人的节水意愿，还受到诸多外部因素的影响，如水资源的可获得性、灌溉技术的先进性、政策支持和指导等。在这些外部条件不足以支持高效节水的背景下，仅凭农户的节水意愿难以实现用水效率的显著提升。因此，要有效提升塔里木河流域农业用水效率，除了激发和维持农户的节水意愿外，还需要从技术支持、政策引导、资金投入等多方面入手，为农户实施节水措施提供更加有力的支持。通过综合施策，既要提升农户的节水意识，也要创造有利于节水的外部环境，从而推动塔里木河流域农业用水效率的持续提升和绿色发展目标的实现。

种植业收入占比对农业用水效率的影响是正向的，即种植业收入占农户家庭总收入的比重越大，农业用水效率越高。这种关系揭示了农户经济活动的结构与农业用水效率之间的紧密联系。具体来说，当种植业在农户家庭总收入中占据较大比重时，农户的经济福祉在很大程度上依赖种植业的收益。这种依赖关系使得农户对任何可能影响其种植业收入的因素都变得格外敏感，包括农业用水成本在内。首先，随着种植业收入比重的增加，农户对提高产出和降低成本的需求变得更加迫切。这不仅包括对种子、肥料和农药等投入品的成本控制，也涵盖了对水资源的有效利用。在水资源日益紧张的背景下，减少单位产出所需的农业用水量成为降低生产成本、提高经济效益的重要手段之一。因此，这些农户更倾向于采用节水灌溉技术，改进灌溉管理方法，以及优化作物种植结构等措施，提高农业用水效率。其次，种植业收入占比较大的农户往往更愿意对农业技术创新和水资源管理改进进行投资。这是因为这类农户更能直观地感受到技术改进和水资源管理优化对提高种植业经济效益的重要性。例如，采用滴灌、喷灌等现代化灌溉技术，不仅可以显著减少水的消耗，还能提高作物的产量和质量，从而实现经济效益和水资源利用效率的双重提升。最后，种植业收入占比较大的农户也更可能参与水资源共管和节水意识提升活动。这些活动不仅有助于提高农户对水资源稀缺性的认识，还能促进农户之间的信息交流和经验分享，从而共同探索更高效的水资源利用方式。因此，种植业收入占比与农业用水效率之间的正向关系反映了农户在面对经济利益驱动时，对提高水资源利用效率的重视程度。为了进一步提升塔里木河流域的农业用水效率，有必要通过政策激励、技术支持和教育培训等手段，鼓励农户提高对种植业收入的依赖度，同时采取有效措施降低农业用水成本。

使用滴灌对农业用水效率的作用是正向的，即使用了滴灌比未使用滴灌的农户拥有更高的农业用水效率，这一发现与于智媛（2017）、耿献辉等（2014）学者的研究成果相一致，进一步验证了滴灌技术在提升农业水资源利用效率方面的重要性。滴灌技术作为一种精准的灌溉方法，能够直接将水和养分准确地输送到作物根部，从而极大地减少水分的蒸发和渗漏，提高水的利用率。与传统的大水漫灌方式相比，滴灌有着不可比拟的优势。大水漫灌方式由于灌溉不均匀、水分利用率低下等缺点，在水资源日益紧缺的今天显得尤为不适应。大水漫灌不仅会导致大量水资源的浪费，还会引起土壤盐渍化等一系列环境问题，进而影响农作物的生长和产量。相反，滴灌作为一种节水灌溉技术，能够有效地解决这些问题，显著提升农业用水效率。根据实地调研资料，塔里木河流域内的灌溉方式主要分为滴灌和大水漫灌两种。在实际应用中，采用滴灌技术的农户相较于使用大水漫灌方式的农户，其农业用水效率明显更高。这不仅因为滴灌技术能够精确控制水分的供给，减少水资源的损失，而且能够通过合理的水肥一体化管理，提高肥料的利用率，进而促进作物的健康生长，提高农作物的产量和品质。滴灌技术的推广应用还有助于促进塔里木河流域农业的可持续发展，通过提高水资源的利用效率，减少水资源的浪费，在一定程度上缓解该地区水资源短缺的状况，为其他用水需求提供更多的空间。此外，滴灌技术还能够减少农业生产过程中对环境的影响，促进生态环境的恢复和改善，为实现绿色发展提供有力的支撑。因此，在塔里木河流域推广滴灌技术，不仅能够显著提升农业用水效率，还能够促进该地区农业可持续发展和生态环境保护。这要求政府和相关部门加大对滴灌技术推广的政策支持和资金投入，同时加强对农户的技术培训和指导，提高农户对滴灌技术的认知度和接受度，确保滴灌技术在更广范围内得到有效应用。

（二）塔里木河流域兵团农业用水效率影响因素

兵团作为先进生产力的代表，在农业水资源的使用方式和管理策略方面起着引领和示范作用，由前文可知，在塔里木河流域内，南疆兵团和地方各地州的农业用水效率存在较大差别，南疆兵团的农业用水效率高于地州的农业用水效率，故对南疆兵团农业用水效率的影响因素进行单独分析具有重要意义。其数据统计特征见表 6-11，Tobit 回归结果见表 6-12。

表 6-11　南疆兵团农业用水效率相关数据统计特征

SES 属性	变量名称	变量定义及单位	样本均值	标准差	最大值	最小值	样本容量
情境变量（I→O）	农业用水效率(EF)	塔里木河流域农业用水效率	0.2278	0.2220	1	0.0015	275
资源系统(RS)	水资源丰歉程度(F)	当地水资源是否能满足灌溉用水:完全不满足=1,不满足=2,基本满足=3,满足=4,完全满足=5	3.56	1.1037	5	1	275
资源单位(RU)	作物种植面积(Z)	单位:亩	35.1818	54.1785	266	2.5	275
	耕地块数(K)	单位:块	2.3127	1.7748	11	1	275
使用者(U)	户主年龄(N)	单位:周岁	44.3564	10.0217	89	25	275
	户主受教育程度(E)	小学及以下=1,初中=2,高中=3,大专及以上=4	1.8473	1.0595	4	1	275
	种植业收入占比(S)	单位:%	62.5387	30.2099	100	0	275
	粮食作物占比(L)	单位:%	14.1744	31.11	100	0	275

续表

SES 属性	变量名称	变量定义及单位	样本均值	标准差	最大值	最小值	样本容量
使用者 (U)	经济作物占比(J)	单位:%	85.8256	31.11	100	0	275
	是否采用农业节水措施(C)	是=1,否=0	0.9127	0.3518	1	0	275
	灌溉水紧缺程度感知(Q)	当地农田灌溉水紧缺程度:严重不足=1,不足=2,基本够用=3,充足=4,非常充足=5	3.5527	1.1074	5	1	275
	节水意愿(Y)	是否愿意采取节水措施:是=1,否=0	0.9091	0.2688	1	0	275
	是否使用滴灌(D)	是=1,否=0	0.8254	0.3803	1	0	275
管理系统(GS)	农业水价(P)	单位:元/立方米	0.1531	0.0337	0.18	0.11	275

表 6-12 南疆兵团农业用水效率影响因素 Tobit 回归结果

解释变量	系数	Z 值	P 值
N	-0.0006	-0.45	0.651
E	-0.0208	-1.45	0.148
Z	-0.00005	-0.17	0.861
K	-0.0046	0.51	0.608
L	0	—	—
J	0.0795*	1.74	0.083
S	0.1096**	2.41	0.017
P	-0.7651	-1.43	0.155
C	-0.0534	0.88	0.380
D	0.0639	1.61	0.110
Q	-0.0410	-0.59	0.558
Y	-0.0534	-1.06	0.291
F	0.0514	0.74	0.462

注: *** 表示在 1% 显著水平下显著, ** 表示在 5% 显著水平下显著, * 表示在 10% 显著水平下显著。

由表6-12可知，对流域内的兵团地区而言，13个影响因素中只有经济作物占比（J）和种植业收入占比（S）通过了显著性检验。

其中，经济作物占比对农业用水效率的提升起着正向作用，即经济作物种植面积占比越大，农业用水效率越高。从统计特征可以看出，流域内兵团的粮食作物与经济作物种植面积比例大致为2∶8，而整个塔里木河流域的比例大致为3∶6，说明相比于粮食作物，经济作物在兵团的种植结构中占有显著的优势地位，尤其是棉花以及根据各市的地理和气候条件种植的特色经济作物。这种生产模式的选择，在很大程度上是基于对提高农业经济效益和用水效率的双重追求。通过实地调研，我们发现部分城市已经通过延长农产品产业链、市场化运营等方式，成功打造了知名的农业品牌，如兵团第一师阿拉尔市的"尤枣"。这些高附加值经济作物的经营成功，不仅体现在市场品牌的构建上，还体现在农业生产过程中对水资源的高效利用上。对于这些高附加值的经济作物，兵团已经实现了滴灌设施的全覆盖，并且在作物生长管理上也达到了较好的水平。这种精细化管理和先进的灌溉技术的结合，使得这部分作物的农业用水效率较高。值得注意的是，由于兵团在滴灌设施方面已经较为完善，且其灌溉方式在整个塔里木河流域内处于领先水平，因此高效节水灌溉面积在整个流域中占比较大。这种广泛的滴灌设施覆盖，虽然在一定程度上减小了滴灌技术对农业用水效率的边际提升效果，但这并不意味着滴灌对农业用水效率的影响不重要。相反，正是因为早期对滴灌技术的广泛应用，才使得兵团在农业用水效率上取得了显著成效。然而，即便滴灌技术在兵团已经较为普及，仍存在提升农业用水效率的空间。例如，通过进一步优化滴灌系统的设计，提高灌溉水的精准度和均匀度；通过集成水肥一体化技术，进一步提升水肥利用效率；通过引入智能化农业灌溉技术，实现对农田水分条件的实时监控和灌溉的自动调整，从而达到节水增效的目的。此外，对兵团而言，提升农业用水效率的关键不仅仅在于技术的进步，还在于农业生产模式的创新。通过发展精细农业、循环农业等新模式，将传统的资源消耗型生产方式转变为资源节约型、环境友好型生产方式，不仅可以提高农业用水效率，还能促进农业生产的可持续发展。因此，尽管滴灌技术在兵团已经得到较为广泛的应用，其直接提升农业用水效率的空间可能变小，但通过技术优化、模式创新等方式，仍有很大的潜力可以挖掘。这不仅对兵团农业的可持续发展至关重要，也对整个塔里木河流域的水资源管理和生态保护具有重要意义。

兵团职工不仅是农业生产的直接参与者，更是推动农业专门化和职业化生产的重要力量。作为职业农民，兵团职工的家庭收入主要依赖农业，这一点决定了他们在农业生产过程中，对降低灌溉成本、节约农业用水、提升农业用水效率具有强烈的内生动力。在兵团先进生产力的正向引导下，这种内生动力转化为实际的行动和成效，形成了一种良好的机制，即农业收入占比越大，农业用水效率越高。这种机制的形成，既是兵团职工个人利益驱动的结果，也是兵团整体发展战略和政策导向的反映。兵团通过提供先进的农业生产技术、灌溉设施和管理经验，为职工实现农业用水效率提升提供了坚实的基础。例如，推广滴灌、微喷等节水灌溉技术，不仅提高了水资源的利用效率，还减小了农业生产对水资源的依赖度。此外，兵团还鼓励职工采取科学的农田管理方法，如合理轮作休耕、选择抗旱作物品种等，进一步提高农业用水效率。兵团职工在提升农业用水效率方面所展现的积极性和创新性，不仅对他们自身的经济收入产生了直接的正面影响，也为整个塔里木河流域的水资源管理和农业绿色发展提供了有力支撑。这种自下而上的积极变化，与兵团的发展战略相互促进，共同推动了农业用水效率的整体提升。这种提升农业用水效率的良好机制，还有助于实现更广泛的社会经济效益和环境效益。从经济角度来看，提高农业用水效率能够降低农业生产成本，增加收入，促进农业经济的可持续发展。从环境角度来看，节约用水、提高用水效率有助于减少水资源的浪费和污染，保护和改善生态环境，为实现塔里木河流域的绿色发展奠定坚实基础。因此，兵团职工在推动农业专门化和职业化生产中所展现的积极性和创新性，不仅对提升农业用水效率产生积极影响，而且为塔里木河流域的水资源利用效率与绿色发展研究提供了重要的实证支持。这一过程中形成的农业收入占比与农业用水效率正相关的机制，值得进一步研究和推广。

团场综合配套改革后，兵团职工具有规定面积的"身份地"，保障了其生产能达到一定的规模效益，此外，兵团知识服务体系的完善和有序开展，对提升兵团职工的农业用水效率同样起到了关键作用。通过定期举行职工农业知识技能培训，兵团不仅传授了现代农业技术，如节水灌溉技术、作物水分管理技术，还普及了农业生态保护和水资源可持续利用的相关知识。这些培训不仅提高了职工的专业素养，也增强了他们实现农业用水效率提升的能力。这种系统的培训和教育机制，确保了职工能够及时了解和掌握农业领域的最新发展和技术进步，使得他们在农业生产实践中能够有效地应用这些知识和技术，在实际操作中实现用水效率的优化和提升。这不仅体现了兵团对人才培养和技术更新的重视，也反映了兵团在推动农业可持续发展方面做出的努力。进一步来说，团场综合配套改革和知识服务体系的完善，共同构建了一个促进农业用水效率提升的良好环境。在这一环境下，兵团职工不仅具备了进行高效农业生产的物质条件，也拥有了必要的知识和技能，使得他们能够在农业生产中更好地利用水资源，提升用水效率。

这种模式的成功实施，为塔里木河流域乃至更广泛区域的农业水资源管理和绿色发展提供了重要的借鉴和实践经验。将农业生产规模化、专业化与农业知识技能普及和提升相结合，不仅可以有效提升农业用水效率，而且能促进农业经济的可持续发展，为实现区域水资源高效利用和生态环境保护贡献力量。

四 社会生态系统（SES）框架下农户兼业对农业生态用水效率的影响

农户兼业行为已成为农村普遍现象，农业水资源的可持续利用已关乎塔里木河流域社会经济与环境效益的协调发展。因此，研究农户兼业对塔里木河流域农业生态用水效率的影响具有重要的现实意义。

（一）理论框架与逻辑阐述

1. 农户兼业对农业生态用水效率影响的 SES 分析框架构建

本书基于 SES 第二层级框架构建了农户兼业情境下的农村社会生态系统框架，并将该框架变量依照农户兼业情境分解到了第三层级。在

SES 框架中，农户兼业能够体现农户家庭对农业生产以及农业水资源的依赖程度，进而能够间接体现农村劳动力人口的流动趋势，因此农户兼业（S2-a）可被作为情境变量，纳入社会、经济、政治背景设定（S）的人口趋势子系统。农业生态用水效率（S4-a）是多重变量互相作用的结果，属于互动（I）与结果（O）中社会绩效度量（O1）和生态绩效度量（O2）层面的变量。农户是农业生产的主体，其自身特征会对农业水资源利用效率产生直接影响。农户年龄的增长，会对其农业生产经验、健康程度产生影响，而这些又均会对用水效率产生影响。因此，在该框架中，户主年龄（A2-a）、户主健康程度（A2-b）均可作为使用者（A）的社会经济属性表征。耕地特征是影响农业水资源利用效率不可忽视的因素，本书选择耕地规模与耕地块数来表征耕地特征，将耕地块数（RU6-a）、耕地规模（RU5-a）作为资源单位（RU）方面的三级变量。农业种植结构优化是提高农业水资源利用效率的重要途径之一。根据研究区的农业种植情况以及相关文献研究，选择经济作物棉花占总种植面积的比例、粮食作物小麦与玉米占总种植面积的比例表征种植结构，将粮食作物种植占比（A3-b）、棉花作物种植占比（A3-c）作为使用者的资源利用历史和经验表征。灌溉条件是影响农业水资源利用效率的重要因素，良好的灌溉条件有助于提高水资源利用效率，因此也可将是否采用农业节水措施（A3-a）作为使用者的资源利用历史和经验表征的第三层变量。农户对农业水资源紧缺程度的感知，能够反映当地水资源的丰歉程度，将灌溉水紧缺程度感知（RS3-a）作为资源系统（RS）方面的三级变量。灌溉便捷程度能够间接反映灌渠完好程度，故将灌溉便捷程度（GS1-a）纳入治理系统（GS）的三级变量（见表6-13）。

表6-13 社会生态系统（SES）框架变量结构

第一层级变量	第二层级与第三层变量
社会、经济、政治背景设定（S）	S2-人口趋势 S2-a 农户兼业

第一层级变量	第二层级与第三层变量
行动者（A）	A2-行动者的社会经济属性 　A2-a 户主年龄 　A2-b 户主健康程度 A3-资源利用历史和经验 　A3-a 是否采用农业节水措施 　A3-b 粮食作物种植占比 　A3-c 棉花作物种植占比
资源单位（RU）	RU5-单位数量 　RU5-a 耕地规模 RU6-可区分特征 　RU6-a 耕地块数
治理系统（GS）	GS1-政府机构 　GS1-a 灌溉便捷程度
资源系统（RS）	RS3-资源系统规模 　RS3-a 灌溉水紧缺程度感知
互动(I)→结果（O）	O1 社会绩效测量；O2 生态绩效测量 　O1&O2-a 农业生态用水效率

2. 农户兼业对农业用水效率的影响机理分析

兼业势必会对农户的农业生产资源配置决策产生影响，进而导致农业生态用水效率的变化。农户兼业主要通过影响农业生产中的劳动力资源分配、种植结构调整、成本与收益权衡等对农业用水效率产生影响。

人力资本被视为 SES 框架下的一种重要资源，它可以通过提供技术解决方案、推动创新和改进管理实践等方式，帮助提高资源管理的效率，而兼业会导致农户在农业生产中的人力资本投入减少。从劳动力年龄结构的视角来看，非农就业机会的增加，使得部分年轻农业劳动力流失，导致农业劳动力呈现老龄化趋势。农业生产中有效劳动力供给不足的问题，最终会对农业用水效率产生影响。与中青年农业劳动力相比，老年劳动力的认知能力有所减弱，风险偏好程度降低，农业生产更倾向沿用先前种植经验，对商品有机肥、节水灌溉技术的采纳意愿较低，其作物产量与环境污染程度会受到影响，致使农业用水效率降低。从劳动力转移的视角来看，理性小农户经营者为规避兼业产生的农业劳动力流失对农业生产所造成的

负面影响，更愿意增加资本投入弥补劳动力缺失，部分农户绿色生产意愿
与生产能力普遍不高，会更多地投入化肥、农药和农机等农资实现对劳动
力的替代，这种现象在粮食等土地密集型作物的种植中更为普遍。因此，
粮食种植中易出现过量的化肥和农药施用，容易加大化肥、农药的流失
量，增加农业水污染。同时，农业劳动力的流失可能会导致农田管理不
善、灌溉系统维护不足，继而抑制农业用水效率的提升。

经济激励对资源管理决策有显著影响，是 SES 框架的重要组成之一，
经济激励通过改变经济条件和利益关系来引导和塑造个体或集体的行为。
兼业农户在决定是否采用节水技术或改变灌溉方式时，会综合考虑成本和
潜在收益。随着兼业程度的加深，农户更多地依赖非农收入，将更多精力投
入经济效益更高的非农就业，可能会对农业进行粗放经营，对农业水资源短
缺感知度降低，从而不利于节水技术的采用。不合理的农业灌溉易造成氮肥、
磷肥的流失，加重农业水污染。而节水灌溉具有保肥的作用，能够提高氮肥
3%~5%的利用率。因此，未采纳节水技术易降低农业用水效率。

在 SES 框架下，生态系统内的不同组成部分（如生态和社会、经济系
统）之间的相互作用被认为是影响资源管理决策的重要因素。兼业农户可
能会从劳动时间的可用性、作物市场价格的变动以及对风险的承受能力等
多方面考虑来调整他们的种植结构。例如，从劳动时间的可用性方面来看，
兼业使得农业劳动力转移程度加大，劳动时间的可用性减少促使农户种植
结构"趋粮化"，减少劳动密集型经济作物的种植。而对于附加价值较低且耗
水量较大的粮食作物，较多采用成本投入较低的传统灌溉技术，不利于精准
施肥，易导致肥料流失。因此，趋粮化种植不利于农业用水效率的提升。

3. 种植规模在农户兼业对农业用水效率影响中的调节作用

农业生产规模在 SES 框架下，被视为农户在特定社会生态环境下对
资源进行管理的一种体现。农户的农业管理策略并非孤立存在，而是受到
农户自身的认知、社会资本等多种因素的共同影响。耕地是农业生产的基
础物质条件，其规模对农户家庭的农业收入具有影响，因而不同种植规模
农户的农业生产要素投入、技术选择存在差异。随着农户兼业程度的提
升，农业收入在家庭收入中所占的比重降低，农业劳动力流失，兼业农户
更倾向流转出土地，减少种植规模，对测土施肥、绿肥、滴灌等成本较高

的生产技术投入降低，则是通过增加化肥、农药等化学品的施用量来弥补农业劳动力短缺。

兼业程度较低的农户对土地的依赖程度较高，为确保土地长期增产，农业生产过程中更倾向加大对绿色生产技术的投资。纯种植农户与兼业程度较低的农户更倾向流入土地，形成规模经营，种植过程也更加专业化与精细化。同时，该类农户更愿意接受农业机械化服务，提升灌溉效率与化肥施用效率，以此获取规模经济带来的利益。

基于以上分析，本书提出以下研究假说。

假说 H1：农户兼业程度对农业用水效率具有显著影响，即其对农业用水效率影响的总效应是负向显著的。

假说 H2：种植规模在农户兼业程度对农业用水效率影响过程中发挥着调节作用，其中对兼业化程度较低的农户效果更显著。

4. 农业用水效率评价指标体系

农业生产涉及劳动、土地、水资源以及化肥等多种投入要素。根据实际的农业生产活动以及相关文献研究，除了灌溉用水投入指标之外，选取耕地面积，种子费用、化肥与农药费用、机械服务费用，以及劳动力投入费用分别作为农业生产的土地、资本与劳动的投入。由于农户生产产品具有多样性，农业总产值更能够代表农业经济效益，因此选用种植业总产值作为期望产出指标，如表 6-14 所示。

农业灰水足迹包括种植业与畜禽养殖业灰水足迹，本书以讨论狭义农业为主，因此以种植业灰水足迹为农业生产过程中的非期望产出。相关学者根据氮肥淋失率来计算农业灰水足迹指标，由于塔里木河流域位于西北干旱区，降水稀少，农业种植以灌溉为主，不易形成地表径流，氮肥主要造成地下水污染，根据相关研究成果将氮肥最大容许浓度设定为 0.01kg/m^3，氮肥淋溶率 a 取值为 10%。基于 Hoekstrad 等的计算方法，推导出的计算公式如下。

$$GWF_{\text{pla}} = \frac{a \cdot Appl}{(c_{\max} - c_{\text{nat}})} \qquad (6-1)$$

公式中 GWF_{pla} 为种植业灰水足迹（立方米）；a 为氮肥淋溶率（%）；

Appl 为氮肥施用量（kg）；c_{max} 为污染物受纳水体最大容许浓度（kg/m³）；c_{nat} 为污染物受纳水体的自然本底浓度（kg/m³）。

表 6-14　投入产出指标的描述性统计

指标类型	维度		变量指标	标准误差	均值
投入	资源类指标	土地投入	耕地面积，单位：公顷	41.74	30.09
		种子投入	种子费用，单位：万元	0.30	0.15
		化肥与农药投入	化肥与农药费用，单位：万元	2.99	1.21
		机械服务投入	机械服务费用，单位：万元	0.84	0.36
		人工投入	劳动力投入费用，单位：万元	1.00	0.38
		农业水资源消耗量	灌溉用水投入，单位：万元	4.31	2.3
非期望产出	环境类指标	农业灰水足迹	种植业灰水足迹，单位：10^4 立方米	2.10	0.84
期望产出	经济类指标	农业总产值	种植业总产值，单位：万元	12.88	6.57

5. 变量设置

被解释变量：以基于超效率 SBM 模型测算的农业用水效率数值为被解释变量。

核心解释变量：本书主要探讨农户兼业行为对农业用水效率的影响，因此，将农户的兼业程度与兼业类型设为核心解释变量。参考相关学者的划分方法（Bennett，2015），将非农收入占家庭总收入 10% 及以下的农户设定为纯种植农户，赋值为 1；占 10%～50% 的农户设定为 I 兼农户，赋值为 2；占 50% 以上的设定为 II 兼农户，赋值为 3。

控制变量：由 SES 框架可知，农业用水效率同时受经济、社会、政治背景设定（S），以及资源系统（RS）、资源单位（RU）、治理系统（GS）、行动者（A）等子系统变化的多方面影响。因此，在实证分析中，我们可进一步从代表资源单位（RU）、治理系统（GS）、行动者（A）、资源系统（RS）等子系统特征的变量中选取控制变量，使关于农户兼业影响农业用水效率的实证分析能够在控制相关子系统变化的情况下进行。本书的变量选择、定义及赋值、描述性统计详见表6-15。

6. 模型选取与构建

由于基于超效率SBM模型测算的农户农业用水效率是最小值为0的受限变量，为避免使用普通最小二乘法（OLS）回归分析带来估计参数偏差，因此选取基于最大似然法的Tobit回归模型分析农业用水效率的驱动因素，具体的模型形式构建如下。

$$efficiency = \alpha_0 + \alpha_1 x_1 + \varepsilon_1 \tag{6-2}$$

$$efficiency = \alpha_0 + \alpha_i x_i + \sum \beta_j y_j + \varepsilon_i \tag{6-3}$$

模型中，$efficiency$ 表示农户农业水资源环境利用效率，α_0 为常数项；（6-2）式中，x_1 为农户的兼业程度，α_1 为农户兼业程度的待估计系数，ε_1 为随机扰动项。（6-3）式在（6-2）式的基础上加入控制变量，其中 x_i 分别为纯种植农户、Ⅰ兼农户、Ⅱ兼农户、个体与打工兼业农户类型；α_i 为农户兼业类型的待估计系数；β_j 为控制变量的待估计系数；y_j 为第 j 个控制变量；ε_i 为公式对应随机扰动项。

表6-15 变量描述性统计

变量类型	变量名称	变量定义及说明	均值	标准差
被解释变量	农业用水效率	连续变量	0.252	0.272
核心解释变量	纯种植农户	非农收入占家庭总收入的比例为[0~10%]，是＝1，否＝0	0.194	0.396
	Ⅰ兼农户	非农收入占家庭总收入的比例为(10%~50%)，是＝1，否＝0	0.290	0.454
	Ⅱ兼农户	非农收入占家庭总收入的比例为[50%~100%)，是＝1，否＝0	0.516	0.500
	兼业程度	纯种植农户＝1，Ⅰ兼农户＝2，Ⅱ兼农户＝3	2.321	0.780

续表

变量类型	变量名称	变量定义及说明	均值	标准差
调节变量	种植面积	连续变量;单位:公顷	17.26	41.964
控制变量	户主年龄	连续变量;单位:岁	46.214	10.509
	健康程度	非常健康=1,比较健康=2,一般健康=3,健康较差=4,非常不健康=5	1.775	1.087
	耕地零碎化	连续变量;单位:块	2.741	1.965
	粮食作物种植占比	小麦与玉米种植面积占总种植面积的比例	0.320	0.409
	棉花种植占比	棉花种植面积占总种植面积的比例	0.304	0.431
	农田灌溉用水紧缺程度	非常充足=1,充足=2,基本够用=3,不足=4,严重不足=5	3.654	1.044
	灌溉便捷程度	非常不方便=1,不太方便=2一般=3,比较方便=4,非常方便=5	4.330	0.916
	是否采取节水措施	采取=1,没有采取=0	0.734	0.457

（二）描述性统计

1. 农户农业用水效率整体性分析

使用 Matlab 软件对上述农业投入产出指标所产生的农业用水效率进行计算。流域农户农业用水效率平均值为 0.252，低于平均值的样本量占比为 68.30%。农户的农业用水效率数值相差较大，样本数据中大于等于 1 样本占比为 6.7%，最高值为 1.75，表明这些农户处于农业用水前沿面上，农业的投入产出与水资源利用对水环境的负面影响处于最低水平。而效率最低值仅为 0.003，距离农业用水环境前沿面差距较大。

为了进一步反映研究区农户在环境约束下的农业水资源利用效率的分布状况，将被调查农户的效率数值分为五个层次进行归类，如表 6-16 所示。大部分农户的效率数值集中于低效率区间，占比高达 75.45%。高效率农户所占比例较低，仅为 1.12%。这表明流域农户农业用水效率数值整体不高，具有较大的改善空间。

表6-16　农业用水效率分布状况

农户类型	效率区间	样本数量	比例（%）
低效率	[0~0.3]	338	75.45
效率较低	(0.3~0.5]	52	11.61
中等效率	(0.5~0.7]	26	5.80
效率较高	(0.7~1]	27	6.03
高效率	>1	5	1.12

2. 农户兼业类型的农业用水效率分析

根据农户的兼业程度，将兼业农户划分为Ⅰ兼农户、Ⅱ兼农户和纯种植农户三种类型。流域纯种植农户的农业用水效率均值为 0.31，Ⅰ兼农户与Ⅱ兼农户的农业用水效率均值分别为 0.27 和 0.22。这说明在环境约束下，纯种植农户的农业水资源利用效率最高，随着兼业情况的出现以及兼业程度的加深，Ⅰ兼农户与Ⅱ兼农户的农业用水效率逐渐降低。纯种植农户的农业用水效率高于Ⅰ兼与Ⅱ兼农户，主要是由于纯种植农户中效率较高及高效率农户所占比例远高于Ⅰ兼与Ⅱ兼农户。

根据Ⅰ兼与Ⅱ兼农户类型的划分依据，将兼业农户进一步划分为个体经营型兼业与打工型兼业农户。个体经营型兼业农户为个体经营收入占家庭总收入 50% 以上的农户，打工型兼业农户为务工收入占家庭总收入 50% 以上的农户。打工型兼业农户平均农业用水效率为 0.23，个体经营型兼业农户平均值为 0.21。两者相比可知打工型兼业农户平均值略高，个体经营型兼业农户的水资源利用效率偏低，说明个体经营型兼业农户更容易损失农业用水效率。由表6-17可知，打工型兼业农户农业用水效率数值处于低效率区间的农户比例低于个体经营型兼业农户，处于中等效率及以上的比例均高于个体经营型兼业农户，这可能是由于研究区个体经营型兼业农户采用节水措施的比例为 57.29%，而打工型兼业农户的比例较高，为 64.46%。因此，打工型兼业农户的农业用水效率高于个体经营型兼业农户。

表6-17　纯种植农户与兼业农户农业用水效率分布对比分析

农户类型	效率区间	纯种植农户（%）	Ⅰ兼农户（%）	Ⅱ兼农户（%）	个体经营型兼业农户（%）	打工型兼业农户（%）
低效率	[0~0.3]	67.82	74.62	78.79	81.82	76.23
效率较低	(0.3~0.5]	13.79	14	11.26	9.09	11.48
中等效率	(0.5~0.7]	8.05	5.38	5.63	6.06	7.38
效率较高	(0.7~1]	6.90	4.46	4.33	3.03	4.92
高效率	>1	3.45	1.54	0	0	0

通过以上描述性分析可知，农户的兼业程度与兼业类型的差异，可能均与农业用水效率存在相关关系，本书将通过计量模型进一步实证验证。

（三）回归分析

1. Tobit 初步回归结果分析

在回归分析之前，为避免变量之间的多重共线性而引起估计偏差，本书对（6-3）式、（6-4）式所涉及变量进行方差膨胀因子（VIF）计算，检验变量之间是否共线。结果显示，变量最大 VIF 为 1.56，最小为 1.24，平均为 1.26，三者均小于 3，因而变量之间不存在多重共线性问题。

Tobit 回归模型如表6-18所示，所有模型的 LR（Likelihood Ratio）检验结果显示方程的联合显著性很高（P = 0.000），说明构造的模型拟合优度良好。SES 框架强调人类行为与社会、经济、环境系统之间有相互作用和相互影响。从结果中可以看出，这一理论框架为分析农户兼业程度与农业用水效率之间的关系提供了有力的分析工具。表6-18中模型1仅以兼业程度为核心自变量，并未加入其他控制变量，兼业程度与农业用水效率的回归结果显示相关性为负，通过1%显著水平下的显著性检验。模型2在模型1的基础上加入控制变量，核心变量兼业程度与农业用水效率回归结果显示相关性依然为负，并通过5%水平下的显著性检验。模型2的 LR 检验数值大幅度提升，这说明控制变量的引入，提高了模型的拟合优度。

表 6-18　兼业程度和不同兼业类型与农业用水效率回归结果

变量类别	变量名称	模型 1	模型 2（兼业程度）	模型 3（是否为纯种植农户）	模型 4（是否为 I 兼农户）	模型 5（是否为 II 兼农户）	模型 6（个体经营型兼业）	模型 7（打工型兼业）
核心自变量	兼业程度	-0.043 *** (0.016)	-0.041 ** (0.017)	0.062 ** (0.030)	0.011 (0.027)	-0.058 ** (0.026)	-0.038 (0.044)	-0.041 (0.027)
控制变量	户主年龄		-0.002 (0.001)	-0.002 (0.001)	-0.002 (0.001)	-0.002 (0.001)	-0.002 (0.001)	-0.002 (0.001)
	健康程度		-0.017 (0.012)	-0.016 (0.112)	-0.018 (0.012)	-0.018 (0.012)	-0.018 (0.012)	-0.019 (0.012)
	耕地零碎化		0.0001 (0.006)	0.001 (0.005)	0.0001 (0.006)	0.0006 (0.006)	-0.0002 (0.006)	-0.0001 (0.006)
	粮食作物种植占比		-0.253 *** (0.013)	-0.261 *** (0.034)	-0.267 *** (0.034)	-0.253 *** (0.035)	-0.268 *** (0.034)	-0.266 *** (0.034)
	棉花种植占比		-0.276 *** (0.033)	-0.267 *** (0.032)	-0.260 *** (0.033)	-0.276 *** (0.033)	-0.260 *** (0.032)	-0.270 *** (0.033)
	农田灌溉用水紧缺程度		0.003 (0.012)	0.002 (0.012)	0.002 (0.012)	0.004 (0.012)	0.002 (0.012)	0.003 (0.012)
	灌溉便捷程度		0.011 (0.013)	0.011 (0.013)	0.009 (0.013)	0.010 (0.013)	0.009 (0.013)	0.010 (0.013)
	是否采取节水措施		0.051 * (0.028)	0.001 (0.028)	0.056 (0.028)	0.050 * (0.028)	0.056 ** (0.028)	0.057 ** (0.028)
LR		6.77 ***	106.76 ***	104.72 ***	100.72 ***	105.31 ***	101.29 ***	102.75 ***
常数		0.351 *** (0.401)	0.524 *** (0.090)	0.420 *** (0.085)	0.441 *** (0.085)	0.463 *** (0.084)	0.450 *** (0.084)	0.448 *** (0.084)
DWH 检验			0.6578	0.9952	0.5141	0.8762	0.4994	0.5204
第一阶段 F 值			154.42 ***	103.140 ***	199.403 ***	26.666 ***	10.204 ***	12.167 ***

注：*** 表示在 1% 显著水平下显著，** 表示在 5% 显著水平下显著，* 表示在 10% 显著水平下显著。

模型 1 与模型 2 中核心变量的回归结果表明兼业程度与农业用水效率呈现显著的负相关，假说 H1 得到证实。研究区纯种植农户仅占总样本的 14.92%，说明研究区农户兼业行为较为普遍。从社会因素的视角来看，随着农户兼业程度的增强，农户对单一农业收入的依赖性降低、农业劳动力转移、劳动力老龄化以及种植结构调整等问题对农业用水效率产生的负效应，远高于农户家庭收入提升增加对农资的投入所带来的正效应。这些社会因素的变化在 SES 框架中被视为影响资源管理决策的重要因素。

模型 3 核心变量为是否为纯种植农户，其与农业用水效率的回归结果在 5% 的显著性水平下呈现正相关。从环境系统的角度来看，农业用水效率的提高依赖节水技术和绿色生产技术的推广应用。对纯种植农户而言，农业是家庭的主要收入来源，灌溉水资源短缺会对家庭收入造成严重的负面影响，因此可能用于投资节水技术与农田水利设施的资金就会越多，越有利于促使其提高农业生产技术水平，同时可能为提高农作物产量或维持土地生产力，大部分农户可能会选择使用成本较高的秸秆还田与测土配肥等与生态环境相协调的绿色生产技术。绿色生产技术能够缓解化肥的过度施用所带来的水污染，减轻对生态环境的损害，有效提升农业用水效率。研究区纯种植农户的种植结构以附加值更高的经济作物为主且种植面积大，而研究区高效滴灌技术主要应用于种植面积大及能够承受节水灌溉高投入的经济作物，高效滴灌技术实现水肥一体化，关全力等（2016）运用新疆调研数据发现集体滴灌使肥料施用强度降低了 10.31%，减少了农业水污染，进而有助于提高农业用水效率。这体现了环境系统在 SES 框架中的重要性，即资源的可持续利用需要考虑环境系统的承载能力和生态效应。

模型 4 与模型 5 的核心自变量分别为是否为 I 兼农户、是否为 II 兼农户，是否为 I 兼农户与农业用水效率呈现正相关，但并未达到显著水平，而是否为 II 兼农户与农业用水效率呈现负相关，并通过 5% 显著水平下的显著性检验。从经济激励的角度来看，这可能是由于农业收入依然是 I 兼农户家庭收入的主要来源之一，其种植结构还是以经济作物为主，研究区 I 兼农户经济作物平均种植比例为 79.23%，大部分农户依然会选择投入资金采用新的耕作技术与节水技术，高效滴灌技术平均使用率也达到 79.23%，对农业用水效率产生正向影响。研究区 II 兼农户农业收入占家庭总收入平均比例为 22.65%，因此非农兼业收入并未对农业生产产生完全性替代，部分Ⅱ兼农户仍然将农业作为家庭生活的基础保障，这将会出现两种情况。一是研究区纯种植农户粮食平均种植比例仅为 12.62%，而Ⅰ兼与Ⅱ兼农户分别为 16.27%、48.15%。随着兼业程度的加深，家庭农业劳动力数量减少，农户会减少种植耗费精力与人力较多的经济作物，促使其趋于种植易于以机械替代劳动的粮食作物。研究区粮食作物的灌溉方式多为传统的大水漫灌，而大水漫灌容易将未被作物吸收的化肥或农药淋溶至地表水或地下水，阻碍农业用水效率的提升。二是研究区 35% 的Ⅱ兼农户更倾向选择流转出土地，自身所拥有的耕地面积减少。Ⅱ兼农户为达到预期经济效益，提高农作物产量，在农业劳动力短缺的情况下，可能会适当缩减化肥施用次数，在农业生产中会通过增加化肥施用量来弥补施肥次数的不足，反而导致化肥与农药不易被农作物充分吸收，流失严重，这在一定程度上会造成农业灰水足迹提高。这两种情况都会导致农业用水效率降低，这与 SES 框架中的经济激励因素相吻合，即经济利益的变化会影响个体或群体的行为选择。

模型 6 与模型 7 的核心自变量分别为个体经营型兼业与打工型兼业，个体经营型与打工型兼业都与农业用水效率呈负相关，但均未达到显著水平。这可能是由于研究区的个体经营型兼业农户与打工型兼业农户往往在本村或较近地区从事个体经营性活动或打零工，时间支配较为灵活，在农忙时节，个体经营与打工兼业者都可回家从事农业活动。因此，两者都并未造成家庭农业劳动力流失或农业粗放生产，从而导致回归结果不显著。

由模型 1~7 可知，粮食作物种植占比与棉花种植占比对农业用水效率有负向影响，且都通过了 1% 的显著性检验。研究区粮食作物种植主要是以传统大水漫灌为主的玉米和小麦，经济作物种植则以棉花为主，棉花种植虽采用节水的膜下滴灌技术，提高了农业用水效率，但是由于棉花属于高耗水的经济作物，且棉花种植在研究区的农业生产体系中所占的比重较大，使得水资源在农业生产中的投入产出效率较低。

2. 调节效应

在基准模型 2 的基础上，加上种植规模以及种植规模与兼业类型的交互项，检验资源单位中的种植规模（RU5-a）在兼业程度对农业用水效率影响过程中的调节作用。考虑到引入交互项后可能导致模型产生多重共线性问题，因此对模型的核心解释变量与种植规模采取去中心化处理，之后用去中心化的变量生成交互项，结果如表6-19所示。在模型2中，兼业程度与农业用水效率的回归系数依然显著为负，种植规模与兼业类型的交互项也在5%的水平下显著为负，表明农户的种植规模在兼业程度与农业用水效率的关系中存在负向调节作用。至此，假说H2得到证实。

为了进一步检验种植规模在农户不同兼业类型对农业用水效率影响过程中的调节作用，在基准模型3~5中分别引入调节变量种植规模以及种植规模与兼业类型的交互项。在模型3中，交互项在10%的水平下显著为正；在模型5中，交互项在10%的水平上显著为负；在模型4中，交互项相关系数为负但未达到显著水平。可能的原因是，研究区以农业收入为主的纯种植农户平均种植面积为58.64公顷。纯种植农户的种植规模较大易形成规模经营，带来规模效应，降低生产成本，减少水污染。同时，纯种植农户更注重对农业生产中的保护性投资（比如使用绿色化肥等），有利于提高农业用水效率。Wu 等（2021）通过研究发现，种植规模每增加1%，每公顷化肥和农药使用量分别显著减少0.3%和0.5%。研究区Ⅰ兼农户平均种植面积为39.55公顷，对收入多元化的Ⅰ兼农户而言，种植规模在扩大的同时会增加对灌溉等田间管理的难度，而兼业可能会造成农业劳动、技术与资本等生产要素的集约度降低。研究区对农业收入的依赖度较低的Ⅱ兼农户，平均种植面积为17.26公顷，相对于纯种植农户与Ⅰ兼农户属于小规模种植，规模效应较小。此外，农业收益预期低于非农收益，农民更不愿在农业生产中投入资金、时间与精力，容易出现农业粗放式经营，不利于农业用水效率的提升。

表 6-19　种植规模（RU5-a）调节效应回归结果

变量	模型 2 （兼业程度）	模型 3 （是否为纯种植农户）	模型 4 （是否为Ⅰ兼农户）	模型 5 （是否为Ⅱ兼农户）
核心自变量	-0.044^{**} （0.017）	0.046 （0.031）	0.018 （0.0269）	-0.070^{*} （0.0272）

变量	模型2 （兼业程度）	模型3 （是否为纯种植农户）	模型4 （是否为I兼农户）	模型5 （是否为II兼农户）
兼业程度×种植规模	−0.001 ** （0.0004）	0.001 * （0.0006）	−0.001 （0.0007）	−0.002 * （0.0007）
种植规模	−0.0008 （0.0004）	−0.0005 （0.0004）	0.0001 （0.0003）	−0.0005 （0.0004）
控制变量	已控制	已控制	已控制	已控制
LR	114.8 ***	111.03 ***	104.04 ***	110.92 ***
常数	0.531 ***	0.4292 ***	0.441 ***	0.462 ***

注：*** 表示在1%的显著水平下显著，** 表示在5%的显著水平下显著，* 表示在10%的显著水平下显著。

3. 内生性检验

模型2~7重点探讨的是农户兼业程度以及兼业类型对农业用水效率的影响，但在模型回归分析中可能存在内生性问题。原因在于：①遗漏变量。为避免遗漏变量对模型估计带来的影响，本书尽可能地从农户特征、灌溉特征、土地特征等方面选取控制变量，但仍然会遗漏一些与兼业程度相关但又对农业用水效率产生影响的变量。②测量误差。在截面数据收集的过程中，可能存在因抽查而产生的内生性问题。根据参考文献，本书针对不同核心变量引入相关的工具变量来估计与解决可能存在的内生性问题。本书所选取的工具变量与内生性解释变量（兼业程度）相关，但又不直接影响被解释变量（农业用水效率），与模型残差项不相关。

本书引入家庭收入多样性，即家庭收入来源的总数作为兼业程度、纯种植农户与打工型兼业的工具变量。研究区大部分I兼农户为农闲时在附近地区打零工，农忙时回家管理田地，而II兼农户多为将家庭部分耕地流转出去，自身留有小规模耕地，就近务工。因此，根据研究区的实地情况，本书引入打工收入占家庭总收入的比例作为I兼农户、II兼农户的工具变量，家庭规模也是影响农户兼业类型选择的影响因素。因此，本书引入家庭总人口作为个体经营兼业的工具变量。

模型 2~7 的内生性检验统计量 DWH（Durbin-Wu-Hausman）的显著性 P 值分别为 0.657、0.995、0.514、0.876、0.499、0.520。所有模型显著无法拒绝核心变量是外生的原假设，不存在内生性问题，并且在检验是否存在弱工具性变量问题时，所选工具变量的第一阶段回归数值均在 1% 的显著水平下大于 Stock 和 Yogo 所设定的临界值，表明本书所选取的工具变量是有效的，不存在弱工具变量问题。

4. 稳健性检验

SES 框架还强调了制度安排对行动者行为的影响，包括产权安排、规范、政策以及社会资本等。刘渝等（2019）发现环境规制有利于提高环境约束下的农业水资源利用效率。因此，本书采用增加控制变量——环境规制的方法进行模型的稳健性检验。通过查阅文献以及顾及数据的可获得性，本书用农业化肥中的总氮排放量除以农业总产值，将其作为环境规制的逆指标，比值越高表明环境规制力度越小，反之越大。

对于稳健性检验，在模型 2~7 的 Tobit 回归估计结果中，兼业程度、纯种植农户与 II 兼农户对农业用水效率的影响均通过了显著性检验，与前文实证结论一致，如表 6-20 所示。因此，前文的回归结果具有较高的稳健性。同时，环境规制对流域内农业用水效率为负向影响，并在 1% 的水平下显著。未来加大对流域内农业面源污染的约束，是提高流域内农业水资源利用效率的有效途径之一。

表 6-20 稳健性检验

变量名称	模型 2 （兼业程度）	模型 3 （是否为纯种植农户）	模型 4 （是否为 I 兼农户）	模型 5 （是否为 II 兼农户）	模型 6 （个体经营型兼业）	模型 7 （打工型兼业）
核心自变量	-0.037 * (0.016)	0.057 * (0.016)	0.007 (0.026)	-0.050 * (0.026)	-0.043 (0.027)	-0.027 (0.044)
控制变量	已控制	已控制	已控制	已控制	已控制	已控制
环境规制	-3.509 *** (1.260)	-3.637 *** (1.258)	-3.760 *** (1.263)	-3.535 *** (1.262)	-3.832 *** (1.258)	-3.709 *** (1.266)
LR	114.45 ***	113.00 ***	109.50 ***	113.08 ***	111.93 ***	109.80 ***

续表

变量名称	模型2（兼业程度）	模型3（是否为纯种植农户）	模型4（是否为Ⅰ兼农户）	模型5（是否为Ⅱ兼农户）	模型6（个体经营型兼业）	模型7（打工型兼业）
常数	0.513*** (0.089)	0.419*** (0.084)	0.440*** (0.084)	0.458*** (0.084)	0.445*** (0.084)	0.446*** (0.084)

注：*** 表示在1%的显著水平下显著，** 表示在5%的显著水平下显著，* 表示在10%的显著水平下显著。

（四）结论与政策启示

1. 基本结论

资源的可持续利用依赖有效的自我组织和治理结构，而塔里木河流域农户的农业用水效率整体较低，其效率平均值为0.252，表明现有的治理机制可能未能充分适应当地的社会生态系统，具有较大的改善空间。

在SES框架下，兼业农户作为系统的主体，其行为决策受到社会、经济和环境等多个子系统的交互影响。因而，流域内农户兼业行为会通过多种层面对流域的农业用水效率产生显著负向影响。从经济层面看，农户兼业程度加深降低了其对农业收入的依赖程度，影响他们对农业资源管理的决策。从社会层面看，农户兼业程度加深可能导致农业劳动力转移、农业劳动力老龄化以及种植结构"趋粮化"。从环境层面看，农户兼业程度加深会阻碍节水技术和绿色生产技术的应用。

2. 政策启示

SES框架强调系统内不同要素间的交互作用以及系统与环境间的联系。根据以上实证研究结果，本书引申出以下政策建议。

（1）合理引导农户兼业发展

农户兼业已成为农村社会发展的普遍现象，政府应通过完善农村土地流转市场以及土地流转补偿收益机制等，鼓励兼业程度较深的农户进行适度的土地流转与土地平整，有效破解土地碎片化、经营分散等关键问题，打破过去"一家一户"的传统农业模式，促进土地规模化经营，提高化肥利用率。

（2）积极培育基层农民社会化服务组织

政府应在农业系统内部，集成推广应用现代农业节水技术和设施，鼓励兼业农户参与农业合作社，加强对兼业农户的技术培训，以及农业灌溉知识与环保意识的教育，充分利用基层农技服务组织积极推进对农户的田间灌溉技术培训与监督，纠正其漫灌式、污染式的农业用水方式，提升农业绿色生产参与度，减少兼业农户因资本要素对劳动力替代所导致的化肥与农药等不科学使用而引起的农业水污染问题，实现农业生产节水增效。

（3）因地制宜优化种植结构

政府应根据地区水资源状况和市场需求，调整作物种植结构。在缺水严重的地区，培育耐旱耐盐的作物，推行干播湿出等种植方式，提高农业用水效率。而对于粮食作物的种植，应选种和培育抗旱节水的粮食作物品种，保障流域内粮食供应安全。对于经济作物，应适当减少棉花、枣等高耗水作物的种植比例，提高甜菜、苹果、大豆等耗水较少而经济效益较优的农作物。同时，鼓励农户发展经济效益和市场需求较高的设施农业。

（4）加强环境规制与农业灰水足迹治理

流域内要通过推动水资源管理制度政策的制定与实施，持续健全农业灰水足迹治理机制，以及加强对农业生产活动的环境监管，细化农业水污染治理，确保农业生产活动符合环境保护标准，减少农业面源污染，推动农业生态系统的可持续发展。

第七章　塔里木河流域农业水资源灌溉系统的集体行动逻辑

自从哈丁在 1968 年发表《公地的悲剧》一文以来，如何突破集体行动的困境，实现个体利益与集体利益的和谐共存，成为学术界研究的热点问题。哈丁的论文指出，在共享资源的管理中，个体理性行为的累积效应，最终会导致资源的过度利用和破坏，即所谓的"公地悲剧"。这一理论触发了公共事务治理领域的广泛研究，学者们试图找到解决集体行动困境的有效途径。随着研究的深入，公共事务治理成了一个跨学科的学术领域，涉及经济学、社会学、政治学等多个学科，旨在探索如何通过集体行动改善公共资源的管理和利用，以实现集体成员的福利最大化和社会的帕累托改进。

塔里木河流域的农业水资源利用问题，正是这一理论研究可以应用的典型领域。作为一个干旱绿洲灌溉农业区，塔里木河流域的农业用水量占到了总用水量的95%以上，巨大的用水量对区域的水资源构成了极大压力。长期以来，不断增长的农业灌溉需求导致了水资源的过度开发，进而引发了农田缺水、产量下降、水生态平衡破坏等一系列严重的资源与环境问题，对该区域的农业可持续发展构成了严峻挑战。面对这些问题，科学研究和实践经验表明，发展和应用节水灌溉技术，如滴灌、喷灌、渠道防渗等，是解决塔里木河流域水资源危机、保障粮食安全和生态安全的有效途径。这些技术能够显著提高水资源的利用效率，减少水分的蒸发和渗漏损失，从而减轻对水资源的压力，促进农业的可持续发展。为了推广这些节水灌溉技术，政府投入了大量的资金用于抗旱减灾，支持节水灌溉技术的研发和应用，并通过政策激励和技术支持等措施，鼓励农民采纳这些技

术。这些措施不仅有助于改善塔里木河流域的水资源状况，还能提升农业
生产效率，增强农业对干旱等自然灾害的抵御能力，从而为区域的社会经
济发展和生态环境保护提供支撑。因此，对塔里木河流域农业水资源灌溉
系统的集体行动逻辑分析，不仅是对"公地悲剧"理论的实践应用，也
是在特定区域水资源管理领域对公共事务治理理论的深入探索。通过集体
行动和公共治理的改进，有效应对水资源挑战，实现区域可持续发展
目标。

党的二十大报告强调要全面推进乡村振兴，解决当前农村领域的多
重问题，并推动经济和社会的稳定建设与发展。我国农村地区当前面临
一系列乡村公共事务衰败问题。尽管在农村地区经济发展、居民收入增
长以及公共设施建设等方面取得了积极进展，但与某些地区所面临的社
会性衰退和制度性衰败问题形成了对立局面。具体而言，一些农村地区
的生态环境、人文环境以及基层组织等出现了衰退和败坏的现象，这些
问题的本质在于集体行动能力的下降（王亚华等，2019）。在生态环境
方面，由于缺乏有效的集体行动力量和协作机制，农民的环境保护和污
染治理意识与行动变得薄弱，导致许多农村地区的生态环境治理难度加
大。在人文环境方面，良好的文化价值、社会凝聚力和社区服务等方面
面临集体行动能力下降所带来的困扰，对人文环境的公平性造成一定的
冲击。在基层治理方面，集体行动能力下降的问题长期存在于基层组织
内部，导致基层组织效能下降、资源分配不公和组织不稳定等问题，同
时也给决策制定和任务执行带来困难。综上所述，农村地区的生态环境
遭受了严重破坏，人文环境逐渐失去特色与活力，基层组织功能衰退且
存在运行不畅的问题。农村集体行动能力下降对农村地区的可持续发展
和乡村振兴构成了挑战。寻找突破农村集体行动能力提升瓶颈的方法和
途径，已成为当前推进乡村治理现代化和实现农业可持续发展的关键
一环。

尽管集体行动能力的下降对农业现代化进程构成一定阻碍，但仍存在
对农村集体行动能力具有积极影响的有利因素（王亚华等，2016）。随着
研究不断深入，一些学者开始关注合作社对推动农业现代化的影响。例
如，Fang 等（2018）指出，在农技服务获取、农资采购、产品销售和仓

储物流等方面，合作社相比其他形式的组织具有比较优势，可以大幅提高家庭农场化肥和农药的减量施用概率。Pérez-Blanco 等（2020）的研究发现，合作社所建立的社会网络扩展了农户获取信息的渠道，促使农户选择环境友好型技术。此外，通过推行标准化生产，合作社可以促进农户采用土壤配方施肥技术。实际上，合作社经营主体是我国农业农村现代化进程中形成持续稳定局面的重要因素之一（Huang, et al., 2017）。合作社组织利用规模经济效应和资源配置优势，为农民提供了协作合作的平台。通过发挥合作社的集体行动能力，农民共同采购农资、销售产品以及参与技术创新活动等，推动农业现代化进程中的资源优化配置和生产效率提升。农民在追求共同利益和实施集体行动的过程中，增强了自身的集体认同感，提升了农村居民的集体行动能力，也促进了农村社区的和谐稳定发展。本书认为，合作社经营是改善我国农村集体行动能力的重要积极因素，本书将重点探讨合作社经营对农村集体行动能力的影响，以期为促进中国乡村振兴战略实施提供一定的理论参考和政策启示。

现有学者已经意识到合作社在推动农业现代化方面具有显著效果，但仍有改进的空间。首先，在研究视角选择方面，过去的研究主要关注合作社的动力机制和经济效应等方面，而较少从微观视角考虑合作社对农村集体行动能力的影响机制。其次，现有的实证研究在指标选择上缺乏理论依据和系统性。针对以上问题，本章利用来自塔里木河流域绿洲农户 381 份样本数据，并基于社会生态系统（SES）框架，采用二元 Logit 模型对合作社经营对农村集体行动能力的影响进行实证分析。

一　理论分析与研究假说

在 SES 框架的基础上，本章的关注点是农业合作社对农民集体行动能力的影响，并探讨在快速变化的经济社会背景（S）下，农业合作社（S4-1）通过改变行动者（A）所面临的行动情境和治理系统（GS）的条件，从而影响治理绩效（O）。根据已有的文献研究，农业合作社可以通过社会生态系统的相关变量来促进农民集体行动能力提升。

1. 农业合作社（S4-1）通过培养村庄公共领导力（A5-1）促进农民集体行动能力（O1-1）提升

农业合作社作为村庄层面的重要组织形式，不仅承载着农业生产的组织协调功能，更在深层次上影响着村庄的社会治理结构与集体行动逻辑。合作社这一平台可以有效地培养和提升村庄的公共领导力，进而促进农民集体行动的形成与强化。首先，合作社为农民提供了一个集体行动与协商的场域。在合作社的框架内，农民能够就农业生产、资源管理以及社区发展等议题进行广泛的讨论与决策。这种集体参与的过程不仅增强了农民之间的沟通与互信，更在无形中锻炼了他们的领导与协调能力。通过合作社组织的各类会议与活动，农民逐渐学会如何在集体中发声，如何协调不同利益诉求，从而为村庄公共领导力的培养奠定了坚实基础。其次，合作社的组织体系与管理机制在培养村庄公共领导力方面发挥着关键作用。合作社通过民主选举产生负责人，建立了一套完善的规章制度和决策程序。这些制度安排不仅确保了合作社的规范运作，更在深层次上激发了农民的参与热情与责任感。在参与合作社管理的过程中，农民逐渐认识到自身在集体中的价值与作用，进而更加积极地投入村庄的各项事务。这种由内而外的驱动力，正是村庄公共领导力提升的重要源泉（侯涛等，2022）。最后，合作社通过培养村庄公共领导力，促进了农民集体行动的开展。在公共领导力的引领下，农民能够更加高效地组织起来，共同应对农业生产中的挑战与问题。无论是灌溉系统的维护与管理，还是新技术的推广与应用，合作社都能够迅速调动农民的集体力量，形成强大的行动合力。这种集体行动的逻辑不仅提升了农业生产的效率与效益，更在宏观层面上推动了村庄社会的和谐进步。因此，农业合作社通过培养村庄公共领导力，有效地促进了农民集体行动的形成与发展。在这一过程中，合作社发挥了桥梁与纽带的作用，将农民紧密地团结在一起，共同书写乡村发展的美好篇章。

2. 农业合作社（S4-1）通过增强村民对村庄的归属感（A6-1）促进农民集体行动能力（O1-1）提升

农业合作社作为一种村民自发组织、共同参与的经济实体，在促进农民集体行动方面发挥着重要作用。这一作用的发挥，很大程度上得益于合作社能够增强村民对村庄的归属感。首先，农业合作社通过构建紧密的合作网络，促进了村民之间的交流与互助。在合作社的框架内，村民们共同参与农业生产、销售等各个环节，这种深度的合作不仅提高了农业生产效率，更在无形中强化了村民之间的联系与纽带。村民们在合作中相互学习、相互支持，共同面对农业生产中的挑战与困难，这种共同奋斗的经历极大地增强了他们对村庄的归属感。其次，农业合作社通过有效的风险管理机制，帮助农民规避风险、稳定收益。农业生产面临诸多不确定性，如自然风险、市场风险等，这些风险往往对农民造成巨大压力。然而，在合作社的运作下，农民们能够集中力量共同应对这些风险。例如，通过集中购买农业保险、共同筹集应急资金等措施，合作社为农民构建了一道坚实的风险屏障。这种风险共担的机制不仅降低了农民个体的风险承担，更让他们深刻感受到村庄作为一个整体的力量与温暖，从而进一步增强其对村庄的归属感。最后，农业合作社通过营造积极的合作氛围，强化了农民的集体认同感。在合作社中，每个农民都是重要的成员，他们的贡献与努力都被充分认可与尊重。这种平等的地位与尊重的氛围极大地激发了农民的集体荣誉感与责任感。他们更加珍视自己作为村庄一员的身份，更加积极地投入村庄的各项事务。这种强烈的集体认同感与归属感，正是促进农民集体行动的重要精神力量。因此，农业合作社通过增强村民对村庄的归属感，有效地促进了农民的集体行动能力提升。在合作社的引领下，农民们团结一心、共同奋斗，不仅提高了农业生产效率与收益稳定性，更在深层次上推动了村庄的和谐发展。

3. 农业合作社（S4-1）通过缓解村民间的经济异质性（A2-1）促进农民集体行动能力（O1-1）提升

在农业生产领域，经济异质性是阻碍农民集体行动的重要因素之一。由于农户间在资源禀赋、经济状况以及投资能力等方面存在差异，这往往导致在农田基础设施改善和技术设备投入上难以形成统一意见和行动。然而，农业合作社的出现为缓解这一困境提供了有效路径。首先，农业合作社通过其特有的资金筹集机制，显著降低了农民面临的资金门槛。在合作社的框架内，农民可以依托集体力量，共同筹措资金以应对农业生产中的大额投资需求。这种资金集中使用的方式不仅提高了资金的使用效率，更在一定程度上均衡了农户间的经济负担，从而缓解了因经济异质性造成的集体行动障碍。其次，合作社的社会网络结构为农民之间的非正规借贷提供了便利。在合作社内部，农民之间建立了紧密的社会联系和信任关系，这使得他们更容易通过互助贷款等非传统融资方式来满足资金需求。这种灵活的融资方式不仅降低了农民的融资成本，还进一步增强了他们之间的经济联系和合作意愿。最后，农业合作社作为大规模经营且信用等级较高的集体组织，在对接外部资源时具有显著优势。合作社能够更容易地获得金融机构的贷款支持以及政府的补贴资助，这些外部资源的注入进一步弥补了村民间的经济差异，为集体行动的顺利展开提供了有力保障。因此，农业合作社通过其资金筹集机制、社会网络结构以及外部资源对接等多方面的综合作用，有效地缓解了村民间的经济异质性。这不仅降低了农民因经济差异而造成的行动障碍，更在深层次上促进了他们的集体行动能力提升。因此，我们可以合理地推断，农业合作社在缓解经济异质性方面发挥着积极作用，进而对推动农民集体行动能力提升发挥积极影响。

4. 农业合作社（S4-1）通过推动农民对绿色生产技术的使用（A9-1）促进农民集体行动能力（O1-1）提升

在当前农业绿色发展的趋势下，农业合作社在推动农民使用绿色生产技术方面发挥着至关重要的作用，进而促进了农民的集体行动能力提升。首先，农业合作社作为农民的组织平台，具有强大的技术推广和普及功能。合作社通过组织多样化的培训活动，如专题讲座、实践操作课程等，有效地向农民传授绿色生产技术的核心知识和操作要领。这些培训活动不仅提升了农民对绿色生产技术的认知水平，更激发了他们应用这些技术的内在动力。同时，合作社还利用现场示范等直观方式，让农民亲身感受绿色生产技术的实效，从而增强其采纳意愿。其次，农业合作社为农民应用绿色生产技术提供了有力的物质和经济支持。面对绿色生产技术所需的特定资源和资金投入，单个农民往往显得力不从心，而合作社通过集体采购和集中供应的策略，不仅降低了农民获取绿色生产资料的成本，还确保了资源的稳定供应。此外，合作社还发挥其金融互助的功能，帮助农民缓解资金压力，如提供低息贷款或资金补贴等，从而有效降低农民应用绿色生产技术的经济门槛。最后，农业合作社通过促进绿色生产技术的应用，进一步强化了农民的集体行动意识。在绿色生产的共同目标下，农民们更加紧密地团结在一起，共同面对和解决农业生产中的问题。这种集体行动不仅提升了农业生产的整体效率，还增强了农民对合作社的归属感和责任感，形成了良性的互动循环。因此，农业合作社通过技术推广、物质支持以及经济扶持等多方面的综合举措，能有效促进农民对绿色生产技术的采纳和使用。这不仅顺应了农业绿色发展的时代要求，更在深层次上促进了农民的集体行动能力提升，为农业的可持续发展注入了新的活力。

综上所述，农业合作社以其内部的集体决策、制度约束和内部监督等机制，实现了农民集体行动所需的资源整合，进一步促进了共同利益的分享。这一过程的实施有助于解决村庄公共领导力下降、村民对村庄的归属感减弱、农民对绿色生产技术的应用率低以及村民间的经济异质性提升等问题，农业合作社的改善措施对农民集体行动能力产生了重要影响。基于此，本书提出如下研究假说。

H1：农业合作社有助于农户提升集体行动能力，并因农户特征各异而存在异质性。

图7-1展示了农业合作社对农民集体行动能力的影响机制。

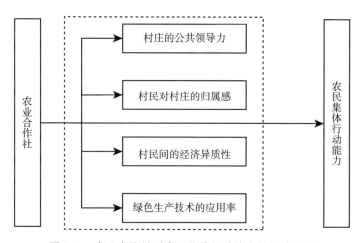

图7-1　农业合作社对农民集体行动能力的影响机理

二　变量说明与研究方法

（一）变量说明

1. 被解释变量：节水灌溉技术采纳行为

农田水利灌溉设施是典型的农村公共事物，农民对农田灌溉新技术的接受程度涉及大量的集体行动问题。具体而言，这包括基础灌溉设施的支持，需要村庄组织农民协调和投资灌溉基础设施的建设、管理和维护，这要求农民具备一定的集体行动意识和能力。同时，农田灌溉新技术的接受程度也受限于农民的培训和技术支持，这同样需要通过集体行动来完成。

因此，本书基于数据获取情况和调研实际，选取了"节水灌溉技术采纳行为"作为衡量灌溉集体行动的因变量。所谓节水灌溉技术，是指能够减少单位土地面积灌溉用水量的生产技术，其目标是减少农田输配水过程中的跑漏损失和田间灌水过程中的深层渗漏损失，以提高农业灌溉的水资源利用效率（贺雪峰，2019）。根据节水灌溉技术的效率，可将其划分为无效率技术（如大水漫灌）和高效率技术（如喷灌和滴灌）等类型。在本研究中，当农户选择采用喷灌或滴灌技术时，视为其采纳了节水灌溉技术，对应赋值为1；否则，赋值为0。

2. 核心解释变量：农业合作社

根据调查问卷设置的问题"您是否参与合作社"，以此来判断农户是否有参与合作社的经历，"是"赋值为1；"否"赋值为0。

3. 控制变量：基于 SES 框架选取

根据 SES 框架的变量列表，结合学术界对影响集体行动的关键变量的鉴定结果，本书选定了3组控制变量，用以控制资源系统（RS）、资源单位（RU）、治理系统（GS）和行动者（A）对农民集体行动能力的影响。这些控制变量涵盖了灌溉资源系统所处的位置（RS9）、资源单位的充足程度（RU5）以及农户的经济社会状况（A2）。在具体变量的选择上，首先，考虑到户主通常是家庭农业生产的主要决策者，本书拟引入农户性别、年龄、健康状况、受教育年限以及外出务工状况 5 个变量来控制户主特征。其次，为了更细致地表达家庭资源禀赋，本书选取家庭劳动力比例和家庭农业收入占比这两个家庭层面控制变量。最后，基于对不同地块实施节水灌溉技术难度的考量，农户节水灌溉技术采纳行为可能会依据地块环境特征而定。借鉴已有研究（韩国明等，2015），本书引入地块平均面积、水资源稀缺程度和灌溉难易程度 3 个变量以控制地块环境特征的影响。具体变量定义及描述性统计见表 7-1。

表 7-1　变量定义及描述性统计

变量类别	变量	变量说明	均值	标准差
被解释变量	灌溉集体行动（节水灌溉技术采纳行为）	是否采纳节水灌溉技术：是 = 1；否 = 0	0.531	0.500
解释变量	农户是否参与合作社	是否参与：是 = 1；否 = 0	0.486	0.487
控制变量	性别	男 = 1；女 = 0	0.836	0.371
	年龄	受访者自述的年龄（岁）	46.027	10.451
	健康状况	自评健康状况：很健康 = 1；比较健康 = 2；一般 = 3；比较差 = 4；非常差 = 5	1.765	1.043
	受教育年限	受访者自述的受教育年限（年）	7.673	2.711
	外出务工状况	受访者近五年是否曾外出务工：是 = 1；否 = 0	0.367	0.483
	家庭劳动力比例	家庭 16~65 岁的劳动力占家庭总人数的比例	0.506	0.216
	家庭农业收入占比	农业经营收入占家庭总收入的比重	0.474	0.346
	地块平均面积	农地经营总面积除以总地块数（亩/块）	16.255	19.531
	水资源稀缺程度	自评水资源紧缺程度：严重不足 = 1；不足 = 2；一般 = 3；比较充足 = 4；非常充足 = 5	2.987	1.153
	灌溉难易程度	经营土地的灌溉难易程度：无法灌溉 = 1；很难 = 2；一般 = 3；容易 = 4	3.783	0.612

（二）分析方法

由于被解释变量为二分类变量，且本书所用数据符合正态分布，在借鉴相关研究的基础上，本书选择建立二元 Logit 回归模型进行实证检验。

$$Irrigation_i = \beta_0 + \beta_i\,Cooperative_i + \sum\nolimits_j \gamma_{ij} control_{ij} + \varepsilon_i \qquad (7-1)$$

（7-1）式中，$Irrigation_i$ 表示农户 i 的节水灌溉技术采纳行为，$Cooperative_i$ 表示农户 i 参与合作社经营的状况，$Control_{ij}$ 表示农户 i 的第 j 个控制变量，包括农户个体层面、家庭层面以及地块层面三个维度。β_0 为常数项，β_i、γ_{ij} 为待估系数，用以判断核心自变量、控制变量对农民灌溉集体行动影响的显著程度及方向，ε_i 为随机扰动项。

三　结果分析

（一）基准模型回归检验

首先通过构建基准模型进行回归检验，以深入剖析合作社经营对农业水资源灌溉系统集体行动逻辑的影响。为确保模型的有效性和准确性，本书首先进行了多重共线性诊断。诊断结果显示，所有变量的 VIF（方差膨胀因子）值均低于 2.5 的临界值，这表明模型中不存在严重的多重共线性问题，为后续分析奠定了坚实基础。利用 Stata 15.0 统计软件对（7-1）式进行拟合估计。在该模型中，我们将灌溉集体行动设定为被解释变量，而农户参与合作社则作为核心解释变量。此外，为了更全面地控制其他潜在影响因素，将控制变量引入方程。通过基准回归分析，得到了表 7-2 的检验结果。

为了更直观地解读模型估计系数，本书不仅关注了系数的显著性及其方向，还进一步计算了二元 Logit 回归模型的平均边际效应（AME）。分析结果显示，灌溉集体行动与农户参与合作社之间存在显著的正相关性。具体而言，回归系数达到了 0.393，并且在 5% 的水平下显著，这表明农户参与合作社确实对灌溉集体行动产生了显著的正向影响。进一步探究发现，相较于那些未参与合作社的农户，已经参与合作社的农户在采纳农田节水灌溉技术方面的概率提升了 5.6%。这一发现不仅验证了初步假说，即农户参与合作社有助于提升农民灌溉集体行动的预期判断，而且为深入理解合作社在推动农业水资源高效利用方面的积极作用提供了有力支持。因此，通过基准模型回归检验，本书初步证实了农户参与合作社对灌溉集体行动具有显著的正向影响，这为相关政策的制定和实践操作提供了重要的理论依据。

表 7-2　农户节水灌溉技术采纳行为基准回归

变量	Logit		LPM
	系数	边际效应	系数
农户参与合作社	0.393(0.373)**	0.056(0.053)**	0.038(0.054)**
性别	0.813(0.521)	0.116(0.071)	0.139(0.082)
年龄	−0.086(0.022)	−0.012(0.003)	−0.013(0.003)
健康状况	0.069(0.192)	−0.010(0.027)	0.007(0.028)
受教育年限	−0.023(0.075)*	−0.003(0.011)*	−0.004(0.010)*
外出务工状况	0.171(0.384)	0.024(0.055)	0.008(0.059)
家庭劳动力比例	0.086(0.891)	0.012(0.127)	−0.019(0.120)
家庭农业收入占比	2.921(0.645)***	0.417(0.078)***	0.550(0.100)***
地块平均面积	0.054(0.021)**	0.008(0.003)**	0.005(0.001)***
水资源稀缺程度	−0.123(0.176)	−0.178(0.025)	−0.022(0.026)
灌溉难易程度	0.826(0.360)***	0.118(0.050)***	0.118(0.049)***
常数项	−1.529(1.935)	—	0.319(0.293)
PseAdo-R^2	0.3626	—	—
LRchi^2	58.01	—	—
样本数	381	381	381

注：*** 表示在 1% 的显著水平下显著，** 表示在 5% 的显著水平下显著，* 表示在 10% 的显著水平下显著。

（二）LPM 模型稳健性检验

为验证拟合结果稳健性，采用 LPM 模型检验农户参与合作社对农民灌溉集体行动的影响（Donkor，et al.，2021）。结果显示，农户参与合作社系数及符号与基准回归基本一致（见表 7-2），表明农户参与合作社对农民灌溉集体行动确有显著正向影响，假说 1 成立。

（三）PSM 稳健性检验

在探讨"合作社经营对农业水资源灌溉系统的集体行动逻辑分析"这一核心议题时，研究者深知样本选择偏差可能对研究结果产生潜在影响。为了有效规避这一风险，并确保研究结论的准确性与可信度，本章特别引入了倾向得分匹配法（PSM）进行深入的稳健性检验（Cheng Bo, et al., 2021）。对 PSM 的应用，旨在通过科学的匹配过程，消除样本中可能存在的选择性偏误，从而更为精确地揭示农户参与合作社与灌溉集体行动之间的真实关联。为了全面提升匹配结果的稳健性，本书并未采用单一的匹配方法，而是综合运用了临近匹配法、卡尺匹配法以及核匹配法三种不同的匹配方法。在实施匹配过程中，本章对各项参数进行了严谨设定。具体而言，临近匹配法的 K 值被设定为 1，以确保每位处理组个体都能找到最为接近的对照组个体；卡尺匹配法则将卡尺精度设定为 0.02，以此控制匹配过程中的最大允许差异；核匹配法则通过设置 0.06 的带宽，实现了更为平滑的匹配效果。这些细致的参数设置，为后续的匹配结果提供了坚实的方法论支撑。完成匹配后，本章对整体样本进行了全面的匹配质量检验。通过详细比对表 7-3 所展示的数据可以发现，无论采用何种匹配方法，农户参与合作社对灌溉集体行动的影响均未发生显著变化。这一结果不仅与表 7-2 所得的研究结果高度吻合，更在统计显著性层面得到了进一步验证。值得强调的是，三种不同匹配方法所得出的结论在效应方向和显著水平上均保持高度一致。这一结果不仅充分说明了本研究结论的稳健性，更从侧面印证了研究方法选择的合理性与有效性。换言之，即便在不同的匹配技术下，本章所得到的关于农户参与合作社对灌溉集体行动影响的实证结果依然稳健可靠。

表 7-3 PSM 稳健性检验

匹配方法	处理组	控制组	平均干预效应（ATT）	标准误	T 检验值
临近匹配	0.278	0.137	0.087	0.033	2.32**
卡尺匹配	0.278	0.143	0.093	0.036	2.345***
核匹配	0.278	0.151	0.076	0.031	2.63***

注：*** 表示在 1% 的显著水平下显著，** 表示在 5% 的显著水平下显著，* 表示在 10% 的显著水平下显著。

（四）异质性分析

在探究合作社经营对农业水资源灌溉系统集体行动的影响时，农户间的异质性是一个不可忽视的重要因素。这种异质性主要体现在农户的代际差异和经济状况上，这两方面因素都可能对农户的参与行为和决策产生显著影响。因此，本书进行了深入的异质性分析，以更全面揭示合作社经营在不同农户群体中的作用机制。首先，我们从代际差异的视角出发，将农户划分为老一代和新生代两个群体。这种划分基于不同代际农户在价值认知和技术了解程度上的显著差异。老一代农户，即1970年及以前出生的受访者，受成长环境的影响，可能对传统农业模式有更深厚的情感依恋和认知惯性。相比之下，新生代农户，即1970年以后出生的受访者，成长于社会经济快速变革的时期，更可能接受和尝试新技术与经营模式。通过对比这两个群体在参与合作社和灌溉集体行动上的表现，我们能够更准确地把握代际差异对集体行动逻辑的影响。其次，我们根据农户的经济状况进行了分组分析。以农户年收入总和是否超过样本均值为基准，将农户划分为经济状况较好和经济状况较差两组。这种划分反映了农户在资源禀赋、风险承受能力以及投资意愿等方面的差异。经济状况较好的农户可能更有能力和意愿参与合作社经营，投入更多资源以改善灌溉系统，而经济状况较差的农户则可能在参与程度和投入水平上受到限制。通过对比不同经济状况下农户的参与行为，我们能够更深入地理解经济状况如何影响农户在集体行动中的决策和表现。因此，通过从代际差异和经济状况两个维度进行异质性分析，本章能够更全面地揭示合作社经营对农业水资源灌溉系统集体行动的影响机制。这种分析方法不仅有助于我们更准确地把握不同农户群体的行为特征和决策逻辑，也可以为制定更具针对性和实效性的政策措施提供重要依据。

1. 不同代际农户

由表7-4可知，农户参与合作社对老一代农民灌溉集体行动有显著正向影响，对新生代农户的影响不显著。这种差异性的存在，揭示了不同代际农户在集体行动中的异质性反应。

表7-4 不同代际与经济状况农户的比较分析

T 变量	新生代农户		老一代农户		经济状况较差农户		经济状况较好农户	
	系数	边际效应	系数	边际效应	系数	边际效应	系数	边际效应
农户参与合作社	0.368	0.055	0.567*	0.067*	0.266	0.035	0.583**	0.082***
	(0.337)	(0.047)	(0.367)	(0.045)	(0.345)	(0.057)	(0.252)	(0.037)
控制变量	控制	控制	控制	控制				
PseAdo-R^2	0.164		0.078		0.106		0.137	
LRchi^2	35.52***		42.67***		31.6***		47.34***	
样本数	152		74		93		133	

注：*** 表示在1%的显著水平下显著，** 表示在5%的显著水平下显著，* 表示在10%的显著水平下显著。

　　首先，我们注意到老一代农户在参与合作社后，其灌溉集体行动能力得到了有效提升。这主要归功于老一代农户丰富的农业生产经验与知识积累。多年的农田耕作使他们对农业技术有了更为全面和深入的了解，这种经验优势转化为对节水灌溉技术的强烈采纳意愿，进而促进了其灌溉集体行动的实施。合作社作为一个平台，为老一代农户提供了技术交流与协作的机会，进一步强化了他们的集体行动能力。然而，在新生代农户中，我们并未观察到同样的效果。这主要是因为新生代农户往往具有较高的兼业水平，他们的收入来源更加多元化，农业生产并非其主要经济支柱。相较于老一代农户，新生代农户对农业的投资意愿较低，这主要受农业投资回收期长、经济效益相对偏低等因素的影响。因此，在灌溉集体行动方面，新生代农户的参与意愿较低。综上所述，合作社经营对农业水资源灌溉系统集体行动的影响在不同代际农户中呈现明显的异质性。这种异质性主要源于农户农业生产经验、知识积累以及经济来源等方面的差异。所以，在推动灌溉集体行动时，应充分考虑农户的异质性特征，制定更具针对性的策略，提高不同类型农户集体行动的参与度和效果。

2. 不同家庭经济状况农户

　　在深入探究合作社经营对农业水资源灌溉系统集体行动影响的过程

中，农户间的异质性，特别是家庭经济状况的差异性，被证实为一个关键的影响因素。通过数据分析（见表7-4），我们发现了一个显著的结果：农户参与合作社对家庭经济状况较好农户的灌溉集体行动具有显著的促进效应，然而对家庭经济状况较差的农户而言，这种促进效应并不明显。这一发现与我们的预期相符，并可从投资能力与抗风险能力的角度进行合理解释。对家庭经济状况较好的农户来说，他们拥有更为充裕的资金支持和更强的投资能力，这使得他们在参与合作社时，更有可能投入资金用于节水灌溉设备的购买和相应技术的应用（曾俊霞，2023）。这种投资不仅提升了他们的农业生产效率，而且增强了他们在灌溉集体行动中的参与度和影响力。相比之下，家庭经济状况较差的农户在面临投资决策时则显得更为谨慎。由于资金紧张，他们往往难以承担购买先进灌溉设备和技术所需的费用，更担心投资失败可能带来的经济风险。因此，这部分农户更倾向选择成本较低、风险较小的传统灌溉方式，以确保农业生产的稳定性。因此，家庭经济状况的异质性对农户在合作社经营中参与灌溉集体行动的逻辑产生了深远影响。这一分析结果提示我们，在推动农业水资源灌溉系统的集体行动时，应充分考虑农户的经济状况差异，制定差异化的政策和措施，更有效地提升整体灌溉效率，促进农业的可持续发展。

四　未来研究方向

本书中探究合作社参与对塔里木河流域农民灌溉集体行动的影响，以调研地节水灌溉技术采纳行为代表调研区的农民灌溉集体行动能力。从样本信息来看，现阶段塔里木河流域农户节水灌溉技术的使用率不高，绿色化程度亟待提升。根据二元Logit回归模型的分析结果，合作社参与显著促进了农户采纳节水灌溉技术。可能的原因，一方面是随着农户参与合作社的程度不断加深，合作社节水灌溉技术的宣传推广以及农田全套技术服务促使农户提升了其对节水灌溉技术的认知水平，进而促进了农户采纳节水灌溉技术。另一方面是塔里木河流域水资源较为短缺，地区农户多依赖地下水灌溉农作物，为抽取地下水和采纳节水灌溉技术，就需要投资建设相应的灌溉基础设施，这对农户而言是比较大的一笔支出。合作社采用基金补贴扶持政策动员农户采纳节水灌溉技术，能够有效节省农户节水灌溉技术采纳的交易费用，降低节水灌溉技术采纳的生产成本。因此，农户参与合作社无疑有助于降低农地经营风险和有效保障经营主体的长期投资收益，进而鼓励农户采纳节水灌溉技术以获取潜在的效率和收益。例如，孔祥智（2018）在对中国南京农村西瓜种植户进行研究时发现，加入合作社的种植西瓜农户能够取得由合作社提供的技术咨询和有利于生产的要素供给等，在这一条件下农户也会积极选择新型农业生产技术，促进农业生产稳定发展。无独有偶，在尼日利亚北部（李文杰等，2021）和中国西南地区（张华等，2020），研究人员发现农户的合作社成员身份与农田创新技术的采用和绿色肥料的使用呈正相关关系。

就控制变量而言，农户个人特征中农户的受教育程度对节水灌溉技术采纳行为有显著正向影响，这说明受教育年限越久的农户受到传统农业生产经验的限制影响越小，他们更容易发觉新技术应用对农业经济水平提升和生态保护的价值，因此更倾向选择新型农业灌溉方式。例如，在孟加拉国，户主的教育水平是采用干湿交替（AWD）灌溉技术的重要决定因素，因此为提高孟加拉国干湿交替灌溉技术的采用率，AlaAddin等人提出可以通过农民教育培训来传播和推广节水灌溉技术。同时，家庭农业收入占比、地块平均面积、灌溉难易程度均显著促进了农户对节水灌溉技术的采纳。务农收入占家庭收入越高，农业生产对农户家庭而言就更重要，农户就更有可能会采纳节水灌溉技术以提高农业灌溉效率。农户的地块平均面积与节水灌溉技术采用之间的正相关关系与先前的研究结果一致。例如，Rebecka等（2012）研究发现，农户的家庭种植规模越大，采用农业技术进行生产的可能性就越大。Ward等（2018）也表明，经营规模越大的农户会更有能力承担高费用或不确定技术带来的风险和挑战，因此采用新技术的可能性就越大。

研究结果还表明，合作社参与对老一代农户、经济状况较好农户灌溉集体行动的促进作用更为明显。农业灌溉越来越成为制约水资源短缺地区农业生产的首要因素，发展合作社，推广节水灌溉技术应用，是解决水资源短缺与农业生产之间矛盾的重要途径。然而本书也存在一定的不足，缺乏对不同类型合作社规模与质量的探讨。节水灌溉技术采纳率与合作社类型和农户耕地水土资源状况等紧密相关，进一步探讨不同类型合作社对节水灌溉技术采纳行为的影响，是未来深入研究的重要方向。

五　本章小结

（一）基本的结论

本章围绕"合作社经营对农业水资源灌溉系统的集体行动逻辑分析"这一核心议题，以新疆塔里木河流域的农民灌溉集体行动为具体研究对象，基于社会生态系统（SES）框架展开了深入探讨。通过实地调研并收集381份有效问卷，本书采用二元Logit回归模型进行了实证分析，并辅以LPM模型与倾向得分匹配法（PSM）进行稳健性检验，得出以下主要结论。

1. 农户参与合作社显著提升灌溉集体行动能力

研究结果显示，农户参与合作社对其在灌溉集体行动中的表现具有显著的正向影响。以节水灌溉技术的采纳情况为例，相较于未参与合作社的农户，已参与合作社的农户在采纳农田节水灌溉技术方面的概率有效提升了5.6%。这一发现充分说明，合作社的参与确实对农户的节水灌溉技术采纳行为产生了积极的激励作用，进而促进了灌溉集体行动的有效实施。

2. 稳健性检验证实结论可靠性

为确保研究结论的稳健性，本书进一步运用了LPM模型进行验证，结果与二元Logit回归模型保持一致。同时，考虑到样本选择可能存在的偏差，本书还采用了倾向得分匹配法（PSM）进行再次检验。经过这一系列严谨的稳健性检验过程，本书确认，农户参与合作社对农民灌溉集体行动的正向影响是稳健且可靠的。

3. 集体行动促进作用呈现异质性特征

在深入探究农户参与合作社对灌溉集体行动影响的异质性时，本书从代际差异和家庭经济状况差异两个层面进行了多维度分析。研究结果表明，农户参与合作社对灌溉集体行动的促进作用并非均质，而是呈现明显的异质性特征。具体而言，参与合作社更能够有效地促进老一代农户以及家庭经济状况较好的农户在灌溉集体行动中有积极表现。这一发现为针对不同农户群体制定差异化的合作社参与策略提供了重要依据。

因此，本书通过严谨的实证分析，证实了农户参与合作社对提升农业水资源灌溉系统集体行动能力具有重要意义，并揭示了这一影响在不同农户群体中的异质性表现。这些结论不仅丰富了合作社经营与农业水资源管理领域的理论研究，也为新疆塔里木河流域及类似地区的水资源可持续利用和农业可持续发展提供了实践指导。

（二）启示

本书得出了一系列重要的结论。基于这些结论，可以获得以下启示，为未来的农业水资源管理和农村发展指明了方向。

1. 合作社经营模式在促进农民集体行动方面展现了显著优势

这一模式通过有效整合分散的农业资源，降低了小农生产的风险约束，实现了资源共享与风险分担。这不仅提高了农业生产的抗风险能力，而且为农民提供了更为稳定的收入预期，从而极大地激发了他们参与集体行动的积极性。因此，政府应择优推广合作社模式，特别是在水资源短缺、农业生产条件恶劣的地区，更应将其视为提升农业生产效率和促进农民集体行动的有力抓手。合作社经营模式在促进农民集体行动方面具有显著优势，通过有效整合原本分散的农业资源，合作社不仅提高了资源的利用效率，更在降低小农生产风险、实现资源共享与风险分担方面发挥了重要作用。这种模式的推广，能够显著增强农业生产的稳定性和抗风险能力，为农民提供更加可靠的收入保障。因此，政府应当充分认识到合作社经营模式的这一优势，在水资源短缺或农业生产条件恶劣的地区，更应有针对性地推广合作社经营模式，将其作为提升农业生产效率、促进农民集体行动的重要途径。合作社经营模式的成功实践，也为农村治理体系和治理能力的现代化提供了有益借鉴。在合作社的运营过程中，农民通过共同参与决策、管理和监督，不仅提升了自身的组织化程度，也锻炼了自我管理和自我发展的能力。这种基于集体行动的治理模式，有助于构建更加和谐、有序的农村社会环境，推动农村社会的持续进步。因此，政府应当从合作社经营模式中汲取经验，不断完善农村治理体系，提升治理能力，以适应农业现代化和乡村振兴的时代需求。合作社经营模式还为农业绿色发展提供了新的思路。在合作社的框架下，农民可以更加便捷地获得绿色生产技术和信息，从而降低化肥农药的施用量，提高农产品的质量和安全性。这种以集体行动推动农业绿色发展的模式，不仅符合当前社会对农产品品质和环境保护的双重要求，而且为农业的可持续发展注入了新的活力。因此，政府应当积极引导合作社在绿色生产方面发挥示范带头作用，通过政策扶持和资金支持等措施，推动农业绿色发展迈上新的台阶。合作社经营模式在促进农民集体行动、提升农村治理水平以及推动农业绿色发展等方面均展现了巨大的潜力和优势。未来，政府应当结合实际情况，制定更加具体可行的政策措施，以充分发挥合作社经营模式在农业和农村社会发展中的积极作用。

2. 合作社经营模式的推广必须紧密结合地方实际，坚持因地制宜的原则

我国幅员辽阔，不同地区的农业资源禀赋、气候条件以及社会经济状况存在显著的差异。这种多样性决定了合作社经营模式不可能有一种放之四海而皆准的统一模板。因此，政府和相关部门在推广合作社经营模式时，务必进行深入细致的调研工作，全面准确地掌握各地的实际情况。在了解地方特色的基础上，政府和相关部门应制订具有针对性的合作社发展方案。这些方案应充分利用当地的资源优势，结合气候条件和社会经济状况，设计切实可行的合作社运营模式。同时，还应考虑当地农民的需求和意愿，确保合作社经营模式能够真正惠及广大农民群众。此外，建立健全合作社的监管和评估机制也是至关重要的。通过定期的监管和评估，及时发现合作社运营过程中存在的问题和不足，并采取相应的措施加以改进。这不仅有助于保障合作社的健康发展，而且能确保其在推动农业水资源灌溉系统集体行动方面发挥持续有效的作用。因此，合作社经营模式的推广必须紧密结合地方实际，因地制宜地制订发展方案，并建立健全监管和评估机制。只有这样，才能确保合作社经营模式在推动农业水资源灌溉系统集体行动方面发挥最大的效能，为我国农业的可持续发展做出积极贡献。

3. 合作社经营模式不仅为农业水资源的高效利用提供了组织保障，更为绿色生产技术的推广应用构筑了有力平台

当前，随着社会公众对农产品质量安全问题的关注度不断提升，以及生态环境保护意识的日益增强，绿色生产技术已成为推动农业可持续发展的关键。在这一背景下，合作社凭借其集体行动的优势，能够集中资源进行绿色生产技术的研发与实践，从而确保技术成果的快速转化与普及应用。具体而言，合作社可以通过整合内部资源，与外部科研机构或技术服务提供商建立紧密合作关系，共同开展绿色生产技术的研发工作。这种合作模式不仅能够降低单个农户所承担的技术风险与成本，还能确保技术研发的针对性与实效性。同时，在技术推广阶段，合作社可以发挥其组织网络的优势，通过定期开展培训、示范与指导活动，帮助社员快速掌握并应用新技术，从而在整体上提升社群的农业生产水平。值得一提的是，合作社在推广绿色生产技术的过程中，还能够助力实现经济效益与生态效益的双赢。一方面，绿色生产技术的应用能够显著提高农产品的品质与产量，进而增强农产品的市场竞争力，为农户带来更为可观的经济收益；另一方面，这些技术还有助于减少农业生产过程中的环境污染与资源浪费现象，从而保护生态环境，实现农业的可持续发展。因此，政府应充分认识到合作社在推动农业绿色转型中的重要作用，并通过制定相关扶持政策与措施，加大对合作社在推广绿色生产技术方面的支持力度。例如，可以设立专项资金，支持合作社开展绿色技术研发活动，或者为合作社提供技术引进与培训的便利条件。同时，还应建立健全激励机制与监管体系，确保合作社能够真正发挥其在农业绿色发展中的引领作用，为社会的可持续发展做出积极贡献。

4. 合作社经营模式通过促进农民参与集体行动，有效提升了农民的经济收益

在农业水资源灌溉系统的运营过程中，合作社能够整合分散的资源，实现规模化、集约化的水资源利用，从而降低生产成本，提高农业生产效率。这种经济效益的提升，直接反映在农民收入的增长上，会进一步激发农民参与合作社经营的积极性。更为重要的是，合作社经营不仅带来了经济效益的提升，还在潜移默化中培育了农民的自我管理和自我发展能力。

在参与合作社的集体行动过程中，农民需要学习如何与他人协作、如何做出决策、如何解决问题等技能。这些技能的掌握，不仅有助于农民更好地适应现代农业发展的要求，也为其在更广阔的社会环境中实现自我发展奠定坚实基础。从更宏观的视角来看，合作社经营模式的发展还为农村治理现代化提供了新的动力。随着农民自我管理和自我发展能力的提升，农村社会的整体治理水平也将得到相应提高。这将有助于构建一个更加和谐、有序、充满活力的农村社会环境，为全面推进农村治理现代化提供有力支撑。此外，合作社经营模式的不断完善和创新，还将成为推动农业整体升级、实现农业强国目标的重要力量。通过整合各方资源，集聚集体智慧，合作社有能力引领农业生产的技术创新、模式创新，推动整个农业产业持续发展和进步。因此，合作社经营模式在助力推进农村治理现代化和建设农业强国方面展现了巨大的潜力。未来，我们应进一步重视和支持合作社经营模式的发展，充分发挥其在促进农民增收、提升农村治理水平、推动农业强国建设等方面的积极作用，为全面实现乡村振兴和农业现代化贡献力量。

综上所述，合作社经营模式在促进农民集体行动、提升农业生产效率、推动绿色转型以及助力农村治理现代化等方面具有显著优势和巨大潜力。未来，我们应充分发挥这一模式的作用，为农业的持续健康发展注入新的活力。

第八章　基本结论与展望

本书以绿色发展研究为出发点，综合使用面板数据、调查访谈数据，分析了塔里木河流域水资源利用效率、用水结构的变化趋势以及在水资源开发利用过程中存在的问题，对该流域用水水平及水资源利用效率进行了评价，得出如下基本结论与研究启示。

一　基本结论

（一）从强可持续发展视角探讨绿色发展的理论内涵

（1）强可持续发展坚持生态优先、绿色发展的理念，秉持关键性自然资本的不可替代性，强调在经济发展和划定生态红线时要考虑各地区的资源环境承载能力，可在生态资源评价与生态空间划定方面用于理论指导。

（2）"两山"理论既坚持了强可持续发展理念关于自然资本保有量不能减少的底线思维，也吸收了弱可持续发展理念关于自然资本与人造资本在一定机制下具有等价值性的转化思维。在此基础上，"两山"理论提出人类行为抉择的价值判断依据，为新时代生态文明建设发展提供了原则遵循。

（二）从生态约束视角分析塔里木河流域的生态空间与生态风险

（1）塔里木河流域敏感和极敏感区域分别占总区域面积的 55.01% 和 29.23%。强可持续发展类生态空间包含底线型生态空间、危机型生态空间，两者的面积分别为 305257.84 平方千米、573281.16 平方千米，各占研究区面积的 29.28%、54.98%。研究表明,塔里木河流域土地利用生态安全冲突等级较高,强可持续发展类生态空间的系统调节能力很差。

(2)塔里木河流域绿洲生态系统分布在"四源一干"各流域的水量丰沛区域,具有一定的抗干扰性和反脆弱性,在坚持生态安全原则下,可以适度进行人造资本的开发。天然绿洲一般属于弱可持续发展类生态空间,在该类生态空间内,人工地表类区域处于缓冲型生态空间和宜开发型生态空间内,其面积分别为 1233.6 平方千米、430.32 平方千米,总占比为 49.12%,耕地生态系统处于缓冲型生态空间和宜开发型生态空间内,其面积分别 16961.88 平方千米、5189.2 平方千米,总占比为 44.11%。从强可持续发展视角看,大量的人工地表类和耕地分布在底线型和危机型生态空间,其代价是牺牲部分用于生态自我调节的自然资源,存在超过生态阈值的现实性与潜在可能性,一旦超过生态阈值就存在生态崩盘的可能性,从这个意义上讲,该流域土地利用生态安全冲突较高。

(3)2000~2020 年,塔里木河流域景观生态以低、较低和中风险为主,较高和高风险次之。研究期内低和中风险区面积在增加,分别约增加了 89282.48 平方千米、49172.94 平方千米,合计占总面积的 13.14%;较低、较高、高风险面积分别减少了约 15315.07 平方千米、35701.08 平方千米、87439.75 平方千米,合计占总面积的 13.14%;低风险范围面积逐渐增加,而高风险范围面积逐渐减少,流域整体景观生态风险指数呈现减小趋势。因此,在 20 年间塔里木河流域整体景观生态风险处于好转状态。

(4)塔里木河流域农业灰水足迹强度有一定改善,但流域内农业灰水足迹强度与效率存在明显的空间差异性。克孜勒苏柯尔克孜自治州、喀什地区、和田地区农业灰水足迹较高,农业灰水足迹效率远低于流域内平均值,地区相关部门应提高重视程度,根据实际情况进行因地制宜的发展,优化农业生产布局。

(三)基于面板数据与实地调查数据对塔里木河流域农业用水效率进行测度

(1)从面板数据分析可以看出:塔里木河流域农业用水效率呈现逐年升高的趋势,但整体不高;流域内兵团各市和克孜勒苏柯尔克孜自治州的农业用水效率较高，其中又以阿拉尔市和若羌县的农业用水效率最高，达到了现有技术水平下的最优状态，效率值为1，而阿克苏地区和喀什地区的农业用水效率较低；农业用水效率值较高的县（市）主要分布在流域东部和西部边缘，研究时段内效率值分布重心呈现自中部向西南部迁移的趋势；进一步研究发现，农业水价、经济发展水平、节水灌溉技术等因素对流域农业用水效率的影响显著，水价越接近供水成本，对农业用水效率的提升贡献越大，节水灌溉技术和地膜应用越广，农业用水效率越高。

（2）从实际调查数据分析可以得出下述结论。第一，塔里木河流域农业用水效率总体较低，流域内兵团农业用水效率远高于地州农业用水效率。第二，作物种植面积、种植业收入占比、是否使用滴灌、节水意愿、灌溉水紧缺程度感知等因素对农业用水效率具有显著影响；并非种植规模越大，农业用水效率越高，种植面积为50~100亩的农户，农业用水效率相对最高。第三，专业性越强、职业化程度越高的农户，农业用水效率越高；农户对水资源的感知越强，其农业用水效率越高。

（四）基于合作社参与视角分析塔里木河流域农业水资源灌溉系统的集体行动逻辑

（1）农户参与合作社对提升灌溉集体行动能力具有显著影响。特别是在节水灌溉技术的采纳方面，相较于未参与合作社的农户，已加入合作社的农户在采纳和应用农田节水灌溉技术方面的能力得到了明显提升。这一发现充分展现了合作社在激发农户积极性、推动技术普及和提高灌溉效率方面的重要作用。农户参与合作社对他们在灌溉集体行动中的表现有着显著且积极的正向影响。这种影响在多个层面都有所体现，尤以节水灌溉技术的采纳行为最为明显。具体而言，相较于那些未参与合作社的农户，已加入合作社的农户在采纳农田节水灌溉技术方面的积极性显著提高。统计显示，他们的采纳概率提升了5.6%。其内在逻辑如下。首先，合作社作为一个集体组织，为农户提供了更加广泛的信息交流和技术学习的平台。农户可以通过合作社了解最新的节水灌溉技术，学习其操作方法，甚至可以直接从合作社获得技术支持。这使得他们在面对新技术时不再感到陌生或无所适从，从而提高了采纳的积极性。其次，合作社通过组织集体行动和互助合作，增强了农户之间的凝聚力和信任感。当农户看到周围的同伴都在积极采纳节水灌溉技术并取得良好效果时，他们自然会产生模仿和学习的动力。这种集体效应进一步推动了节水灌溉技术的普及和应用。最后，合作社还为农户提供了更加稳定和有保障的资源获取渠道。通过合作社的统一采购和分配，农户可以获得价格更优惠、质量更有保障的灌溉设备和材料。这降低了他们采纳新技术的成本和风险，进一步增强了他们采纳新技术的信心和动力。

（2）农户参与合作社对灌溉集体行动的推动作用并非一成不变，而是展现了鲜明的异质性特征。参与合作社在老一代农户和家庭经济条件较优越的农户群体中，更能有效激发他们在灌溉集体行动中的积极性与参与度。这一发现说明，不同代际和经济背景的农户在参与合作社的过程中对灌溉集体行动存在显著差异。其实践意义在于提示我们，在推动农户参与合作社的过程中，需要充分考虑不同农户群体的特征和需求，制定更具针对性的参与策略。例如，对于老一代农户，可以通过合作社平台提供更多适合他们的技术培训和信息服务，而对于家庭经济状况较好的农户，则可以通过合作社引入更多先进的灌溉技术和设备，进一步提升他们的生产效率和集体行动的质量。本书对异质性特征的深入探讨，不仅丰富了我们对农户参与合作社影响灌溉集体行动的认识，也为未来制定更为精准和有效的合作社参与策略提供了有力的理论支撑和实践指导。

二 政策启示

（一）在生态约束下，塔里木河流域水资源利用效率提升的政策启示

第一，塔里木河流域作为生态系统极为脆弱的地区，整体处于干旱温带风沙盐碱区，能够进行人造资本改造的地区集中在绿洲区域，通过人类作用与实践在荒漠和绿洲上建设了人工绿洲生态系统，涵盖人工水域生态

系统、耕地生态系统（农田生态系统、人工林生态系统）、人工地表类生态系统（工业用地、采矿场、交通用地、村镇和城市生态系统），这些是可供人类实践使用的生态空间。绿洲生态系统具有一定的抗干扰性和反脆弱性，塔里木河流域绿洲生态系统以点状连线分布在"四源一干"各流域的水量丰沛区域。在坚持生态安全原则下，可以适度进行水资源的开发，耕地和人工地表类生态系统大部分分布在天山山脉南麓塔里木河流域上游和干流北岸各绿洲地区。

第二，为实现 SDGs 目标，提高流域内水环境质量，实现农业的绿色可持续发展，应改善流域内畜牧业养殖规模、结构，提高畜禽粪便的资源化与循环化利用。深入推进农区农牧耦合发展，加大种植业与畜牧业的联系，形成循环农业、生态农业，促进农业废弃物资源化发展。塔里木河流域内种植业灰水足迹效率远高于畜牧业灰水足迹效率，应积极落实高标准农田建设、土地开发整理等标准，促进种植业的规模化发展，减少化肥施用量，提高农作物产量，改善生态环境；继续加快调整畜牧养殖业结构，减少大型牲畜的养殖，增加经济效益较高的小型牲畜以及家禽的养殖，改良牲畜品种，延长畜产品加工产业链，提高畜牧业总体产值，促进农业经济与环境的协调发展。

（二）基于微观调查数据的农业用水效率分析的政策启示

第一，塔里木河流域作为典型的干旱区流域，其天然降水稀少，农业发展依赖人工灌溉，根据实地调研情况，流域内存在大水漫灌和节水灌溉两种灌溉方式，因此有必要从灌溉技术层面分析提升农业用水效率的措施。根据回归结果，滴灌的使用对农业用水效率的提升有着明显的促进作用，这意味着应当在流域内持续推广滴灌灌溉方式。此外，塔里木河流域内主要的经济作物为棉花，根据实地调研，若采用滴灌带对棉株进行灌溉，滴灌带的使用周期为一年，棉花收获后滴灌带往往被废弃，部分地区存在使用不规范、回收无组织、废弃物较多等问题。为解决这些问题，提升农业用水效率，一方面可加大农业技术培训，帮助农户对滴灌设施进行规范使用与维护，另一方面可由村集体牵头成立滴灌合作社，吸纳农户入社，集资派专人进行技术指导、滴灌带回收和再加工，在降低农业投入成本的同时，提升农业用水效率。

第二，塔里木河流域作为农业发展较为先进的区域，流域内农业经营方式具有地域特点，主要体现在经营规模、兼业经营、新型经营方式等方面。首先，根据实地调研，塔里木河流域户均耕地经营面积在 30 亩左右，经营规模处于中等偏下水平，而根据前文，从经营模式层面来看，适度规模经营有助于提升农业用水效率，故应当对农户的适度规模经营开展适当引导，为适度规模化经营提供便利。此外，流域内土地流转现象已经非常普遍，但少有相对正规、完善的土地流转平台，故各地州应加快完善土地流转的相关法规，村内可成立土地流转合作社等平台畅通土地流转渠道，促进土地规模化经营，提升农业用水效率。其次，塔里木河流域作为偏远地区，其经济发展水平相对落后，流域内农户的整体收入水平较低，其中，以农业为主要收入来源的农户对农业依赖性强，这一特点将影响其采取的农业用水行为。而回归结果显示，无论是针对塔里木河流域还是兵团地区而言，农业收入占比较大农户的农业用水效率较高，这意味着鼓励农户开展专门化生产和专业化经营是提升农业用水效率的重要途径。根据调研资料，塔里木河流域内的农户在自发的演变趋势下已经开始形成初步分化，流域内大多数农户是兼业农户，即除了从事农业以外，还兼职从事工业、商业等方面的工作。大多数兼业农户的种植面积较小，已不再是职业农民，而形成较大种植规模的农户往往是职业农民。因此，在土地流转的基础上，还应适当引导农户开展专业化经营、职业化种植，这不仅有利于农业用水效率的提升，还有利于农业产品的商品化，延长农业产业链，从农业方面增加农户收入，帮助当地人民致富，促进当地经济发展，减小地区贫困程度。最后，塔里木河流域作为农业发展较为先进的区域，流域内演化出许多新型经营方式，根据调研，流域内许多地区或自上而下或自下而上地成立了众多不同类型的农业合作社，部分地区通过期货等更为专业化、市场化的方式进行农产品交易。农业规模化和专业化的目的不在于形式的变更，而在于效率的提升和水平的推进，故应在规模化经营和专业化经营的基础上，尝试进行农产品深加工，延长农业产业链，同时探索农业市场化经营的新模式，以期提高农业用水效率。

第三，作为兼有民族自治州和新疆生产建设兵团的流域，塔里木河流域在行政管理上具有特殊性，因此可从行政层面衡量并采取针对性措施提升农业用水效率。根据分析，从行政层面来看，兵团的农业用水效率高于地方，兵团作为先进生产力的代表，其农业基础设施完善，管理水平较高，而各地州在推动经济社会发展的过程中积累了许多宝贵经验，故应加强地方和兵团的交流，促进相互了解、相互学习、相互合作，这既是提高塔里木河流域农业用水效率的重要手段，也是促进区域协调发展的重要举措。

第四，塔里木河流域脆弱的自然环境对当地农户的用水认知将会产生一定影响，因此可从意识层面采取针对性措施提升农业用水效率。根据回归结果，从社会意识层面来看，无论是农户对水资源稀缺程度的感知，还是农户的节水意愿，都会对农业用水效率产生重要影响，总体表现为农户对水资源的重要性认识越强，其农业用水效率越高。这不仅说明应当在流域内继续加大农业节水措施的宣传，在当地社会形成节约用水的意识，也说明近年来在流域内开展的农业节水宣传和国民教育起到了切实的作用，教育的现实服务性已经表现在了农业水资源使用方面（见图 8-1）。

（三）基于塔里木河流域农业用水效率空间格局分析的政策启示

第一，在化肥与农药污染的背景下，塔里木河流域整体的农业用水效率较低，故提升地区农业用水效率、实现水资源可持续利用需要被作为一项长期的计划予以考虑，由于流域内兵团各师市的农业用水效率远高于各地州，故应加强水资源使用方面的兵地合作，以水资源使用合作为契机进一步推进兵地融合。

第二，为了提高农业用水效率，首先要不遗余力地推进农业水价综合改革，根据当地的实际情况，按照当地农民能承受的限度，在地州各县（市）适当提高农业用水水价，稳步推动农业用水水价向农业供水成本靠近。

第三，塔里木河流域干旱少雨，但天然降水不足对农业用水效率的不良影响可以用其他因素来抵消。可从完善滴灌、喷灌等节水灌溉设施，做好各级供水渠道的防渗修复与维护等方面，来提高各渠道的水资源利用系数，进而提升农业用水效率，助力水资源可持续发展目标的实现。

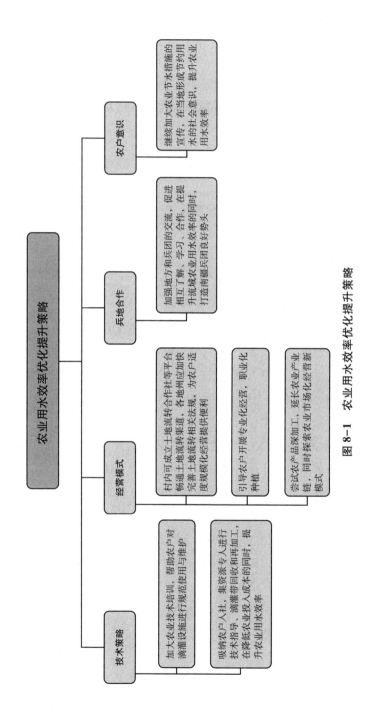

图 8-1 农业用水效率优化提升策略

第四，在农业生产条件较差的县（市），可以通过覆盖地膜的方式来减少地表蒸发，以达到促进农业用水效率提升的目的，同时也需要注意地膜的科学回收。

（四）基于乡村治理与灌溉系统集体行动的政策启示

基于实证结果，本书进一步对农户集体行动问题进行思考，结合学界已有的结论和实证数据，尝试提出几条策略，为政策制定和乡村治理提供借鉴。

1. 培育村庄治理新主体，发展中间阶层农民与农民经济组织

在实证研究中，劳动力外流、土地碎片化等具有本土特色的因素对集体行动产生消极影响，这与高瑞等（2016）、王博等（2018）、王亚华等（2021）等的研究结论是一致的。劳动力流动已成为农村社会发展的必然趋势，土地对农民的吸附能力明显降低，农村也不再永远是村民的唯一生活场域，农户对参与村内灌溉集体行动的经济性需要不断降低。因此，培养农户合作意愿，提高农户对集体行动的社会性需要，对推进村庄灌溉集体行动更为重要。这可以通过培养新的中间阶层农民与农民经济组织，或组织有影响力的用水户协会，形成新的治理主体，来提高村庄公共领导力、村民凝聚力，进而提升集体行动能力。

2. 充分发挥村集体作用，加强以村两委为代表的基层组织领导力

农户小范围集体行动往往效率更高，也更能体现农户意愿，但小范围集体行动的盛行会影响村级集体行动的开展，对大型集体行动的组织效果产生消极影响。实证结果显示，当农户有较高的社会网络资本时，其可能更多通过小范围农户之间的互助等方式开展集体行动，而对村集体行动产生显著的负向影响。因此，需要提高基层组织的领导力和号召力，减少农户自发组织的行动对村级集体行动的冲击。村两委作为中国农村的核心基层组织，应承担主要的职责。在具体方法上，村两委可以通过带头组织合作社引导村民致富，吸引"村医村教"进村两委任职等方法，提高村两委的领导力。

3. 加强政策与改革宣传，保障政策与改革具有成熟的实施条件

村庄集体行动往往与特定的政策或改革紧密相关。因此，村庄集体行动实施条件是否成熟是政策与改革能否落地的前提。宣传作为一种有效的传播手段，可以有效提高农户对集体行动的参与感和理解度，并通过听取农户呼声，对相应改革措施进行及时的调整和升级。实证结果显示，农户感知的水资源分配方式越公平，农户越愿意参与集体行动。因此，为农户准确传达政策与改革的内容，或让农户参与改革、听取农户意见，有利于提高农户集体行动的积极性，进而推动集体行动目的的达成。

农村集体行动困境的治理没有所谓"万能的药方"，但有大量的实践经验可供参考。面对具体的实践情境，研究者和治理者应从实际出发选择治理路径，加强政策设计和实践创新。基层治理是一项复杂的工程，针对具体问题的研究最终还是要回到实践中检验，一切的政策建议也应在结合当地社情民意、考量治理困难的前提下选择性开展。

（五）基于塔里木河流域兵团水资源可持续利用及生态建设的政策启示

南疆兵团发展一个很重要的约束条件是新疆水资源有限。一方面，土地生产力和水资源利用效率得到提高，绿洲小气候得以改善，资源环境容量得到增加；另一方面，生态问题与环境问题日益突出，譬如，山区水源涵养功能下降，绿洲土壤盐碱化问题突出，湖泊水环境污染问题突出，以及荒漠生态系统退化等。兵团在发展过程中需要立足新疆的自然条件、资源禀赋、区域特征和产业优势，把握好水资源红线，推动形成绿色生产方式。根据本研究得出的结论，并依据相关研究文献，得到以下启示。

1. 合理规划好工业发展规模，合理配置好兵团向南发展中工农业用水比例

工业发展规模大小是支撑兵团向南发展能否可持续的关键，是吸引人口向兵团迁徙的重要基础，需要合理规划工业发展规模，合理配置兵团发展壮大中工农业用水比例，根据兵团工农业预期发展规模和城镇人口增加幅度合理配置水资源，促进兵团水资源合理使用、可持续开发。

2. 以发展兵团工业经济为契机，制定合理的兵地水资源协调机制，促进兵地融合

南疆兵团发展推进新型工业化过程中，离不开新疆各地州以及内地援疆省份的大力支持，可以以此为契机，发挥兵团和地方的各自优势，深度合作，共同推进新型工业化发展，在水资源利用上进一步加强沟通，建立协调机制和体制，协调和解决好兵地间的各种具体问题，促进兵地融合。

3. 提高兵团发展中工业用水的效率，将兵团打造为先进生产力示范区

南疆兵团发展过程中，一方面，需要依靠全疆乃至全国的人才资源，推动科技创新，加大新创企业的科技投入力度，促进企业循环利用水资源，推动工业用水效率提高；另一方面，需要优化产业结构，发展节水型工业，规划建设合理的生态工业园功能区，建立水资源循环利用系统，推广使用节水技术，提高水资源循环利用效率，提升水资源产出率。这样不仅能促进兵团经济社会发展，而且能够发挥"辐射"作用，将兵团打造为先进生产力示范区。

4. 推进产业结构优化升级，提高南疆兵团发展的总体用水效益

南疆兵团发展需要统筹考虑兵团地理特征及自然生态要素，依据资源禀赋调整产业结构。可适当提高新建或者扩建团场、市镇用水量小的工业在整体国民经济中的比重，发展节水型工业，降低生产总值的单位耗水量，把节约出来的水资源用于新疆生态用水和新移入人口的生活用水，促进水资源使用的供需均衡，推动水资源利用的可持续发展。

5. 实施"虚拟水"战略，形成兵地多赢共赢局面

"虚拟水"指生产产品和服务所需要的水资源数量，即凝结在产品和服务中的虚拟水量。"虚拟水"战略是指缺水国家或地区通过贸易的方式从富水地区购买水资源密集型农产品，尤其是粮食，来获得水和粮食的安全。"虚拟水"以"无形"的形式寄存在其他商品中，相对于实体水资源而言，其便于运输的特点使"虚拟水"贸易变成一种缓解水资源短缺的有用工具。

6. 在南疆兵团发展中规划好塔里木河流域工业用水战略

塔里木河流域的兵团共有四个师：第一师、第二师、第三师以及第十四师，这些师分布在塔里木盆地边缘的绿洲地带。兵团的使命以及分布特点决定了兵团向南发展依然会围绕塔里木河流域布局扩建。南疆兵团发展需要走新型工业化、新型城镇化道路，这就要求紧紧围绕塔里木河流域做文章，谋划好工业用水取点分布、工农业用水比例，严格控制入河湖排污总量。

要加快实施流域水资源的科学调度和优化配置，深化改革，提升未来气候变化下的适应能力。随着南疆兵团发展的加快，以及城市化、工业化进程的稳步推进，城市、工业用水的需求量日益增长。为此，需要尽快在流域内、区域间实施水量科学调度、水资源优化配置和区域间相互调节，协调好流域生产用水与生态用水的关系，提升未来气候变化下的应对和适应能力，最大限度确保流域生态安全和经济社会可持续发展。

三 未来研究与展望

基于水资源利用效率与绿色发展的研究，涉及水资源-社会经济-生态环境的复杂大系统，研究还处于探索阶段，虽然在水资源与生态系统的演变、水资源利用效率的空间格局、水资源利用的效率，生态环境需水、生态环境需水优先性、水资源合理配置方面取得了一些成果，但由于问题复杂，加之研究者水平有限，对一些问题的研究仍不够完善，有待在理论、方法与实践等方面进一步深入研究。

1. 进一步探讨塔里木河流域生态水文过程与植被动态的相互作用

一方面，气候和土壤水分控制植被动态，另一方面，植被对整个水平衡起着重要的控制作用，又同时反馈给大气，因此一个地区的植被覆盖状况和生态环境状况是与其水分状况（大气水、地表水、地下水）相适应的。在探讨塔里木河流域生态水文过程的研究中，应加强对新疆干旱气候条件下天然植被格局及其生态水文学机制的研究，即水文过程对生态系统结构和动态的定量影响，以及生物过程对水文过程（水循环要素）的相互影响。

2. 进一步完善生态与经济效益统一度量的理论基础

由于生态效益难以以货币的形式形成市场，目前面向绿色发展的水资源综合效率测度研究多把生态压力作为模型约束条件，没有在目标函数中统一度量生态效益与经济效益。本项目在研究过程中，由于数据不完备、调查不充分，研究成果与实际状况肯定有差异，所以应从理论上进一步完善生态效益与经济效益的统一度量，为区域水资源综合效率测度提供更为

213

准确的理论依据。

3. 进一步探索基于生态安全的水资源合理配置决策支持研究

由于水资源同时具有自然、社会、经济和生态属性，其合理配置涉及国家、新疆与兵团等多个决策层次，部门与地区等多个决策主体，近期与远期等多个决策时段，社会、经济、环境等多个决策目标，以及水文、生态、工程、资金等多类风险，是一个高度复杂的多层次、多决策主体、多阶段、多目标的风险决策问题。需要研究基于生态安全的水资源合理配置决策支持系统，将社会学、经济学以及生态水文学专家的经验知识与数学模型相结合。

参考文献

（1）包亚明（1997）：《文化资本与社会炼金术：布尔厄迪访谈录》，上海人民出版社。

（2）蔡起华、朱玉春（2015）：《社会信任、关系网络与农户参与农村公共产品供给》，《中国农村经济》第 7 期。

（3）操信春、崔思梦等（2020）：《水足迹框架下稻田水资源利用效率综合评价》，《水利学报》第 10 期。

（4）曹永香、毛东雷等（2022）：《绿洲-沙漠过渡带植被覆盖动态变化及其驱动因素——以新疆策勒为例》，《干旱区研究》第 2 期。

（5）陈潭等（2012）：《治理的秩序：乡土中国的政治生态与实践逻辑》，人民出版社。

（6）陈曦、包安明等（2016）：《塔里木河流域生态系统综合监测与评估》，科学出版社。

（7）陈亚宁（2015）：《新疆塔里木河流域生态保护与可持续管理》，科学出版社。

（8）陈亚宁、陈亚鹏等（2019）：《西北干旱荒漠区生态系统可持续管理理念与模式》，《生态学报》第 20 期。

（9）陈亚宁、陈忠升（2013）：《干旱区绿洲演变与适宜发展规模研究——以塔里木河流域为例》，《中国生态农业学报》第 1 期。

（10）陈亚宁、杜强等（2013）：《博斯腾湖流域水资源可持续利用研究》，科学出版社。

（11）陈亚宁、郝兴明等（2019）：《新疆塔里木河流域水系连通与生态保护对策研究》，《中国科学院院刊》第 10 期。

（12）陈亚宁等（2010）：《新疆塔里木河流域生态水文问题研究》，科学出版社。

（13）仇宽彪、成军锋等（2015）：《中国中东部农田作物水分利用效率时空分布及影响因子分析》，《农业工程学报》第11期。

（14）崔宝玉、孙倚梦（2020）：《农民合作社的贫困治理功能会失灵吗——基于结构性嵌入的理论分析框架》，《农业经济问题》第12期。

（15）崔宝玉、王孝璞等（2020）：《农民合作社联合社的设立与演化机制——基于组织生态学的讨论》，《中国农村经济》第10期。

（16）邓铭江（2016）：《南疆未来发展的思考——塔里木河流域水问题与水战略研究》，《干旱区地理（汉文版）》第1期。

（17）董莹、穆月英（2019）：《合作社对小农户生产要素配置与管理能力的作用——基于PSM-SFA模型的实证》，《农业技术经济》第10期。

（18）樊越（2022）：《可持续发展理念的历史演进及其当前困境探析》，《四川大学学报（哲学社会科学版）》第1期。

（19）范晓秋（2005）：《水资源生态足迹研究与应用》，河海大学硕士学位论文。

（20）付爱红、陈亚宁等（2009）：《塔里木河流域生态系统健康评价》，《生态学报》第5期。

（21）付奇、李波等（2016）：《西北干旱区生态系统服务重要性评价——以阿勒泰地区为例》，《干旱区资源与环境》第10期。

（22）高瑞、王亚华等（2016）：《劳动力外流与农村公共事务治理》，《中国人口·资源与环境》第2期。

（23）耿献辉、张晓恒等（2014）：《农业灌溉用水效率及其影响因素实证分析——基于随机前沿生产函数和新疆棉农调研数据》，《自然资源学报》第6期。

（24）龚大鑫、窦学诚（2016）：《河西绿洲灌区农户节水行为影响因素分析》，《农业现代化研究》第1期。

（25）关全力、刘维忠等（2016）：《新疆农业用水配置及用水效率动态评析》，《人民黄河》第3期。

（26）杨骞、秦文晋等（2019）：《环境规制促进产业结构优化升级吗?》,《上海经济研究》第 6 期。

（27）郭宏伟、徐海量等（2017）:《塔里木河流域枯水年生态调水方式及生态补偿研究》,《自然资源学报》第 10 期。

（28）郭倩、汪嘉杨等（2017）:《基于 DPSIRM 框架的区域水资源承载力综合评价》,《自然资源学报》第 3 期。

（29）郭艳花、佟连军等（2020）:《吉林省限制开发生态区绿色发展水平评价与障碍因素》,《生态学报》第 7 期。

（30）国亮、侯军歧等（2014）:《农业节水灌溉技术扩散机制与模式研究》,《开发研究》第 1 期。

（31）韩国明、张恒铭（2015）:《农民合作社在村庄选举中的影响效力研究——基于甘肃省 15 个村庄的调查》,《中国农业大学学报（社会科学版）》第 2 期。

（32）韩文龙、徐灿琳（2020）:《农民自发性合作社的组织功能探究——兼论小农户与现代农业融合发展的路径》,《学习与探索》第 11 期。

（33）何强、周正立等（2020）:《基于生态足迹的生态安全评价——以新疆阿拉尔市为例》,《塔里木大学学报》第 2 期。

（34）贺雪峰（2019）:《乡村振兴与农村集体经济》,《武汉大学学报（哲学社会科学版）》第 4 期。

（35）洪银兴、刘伟等（2018）:《"习近平新时代中国特色社会主义经济思想"笔谈》,《中国社会科学》第 9 期。

（36）侯涛、王亚华（2022）:《县域非遗空间分布的文化生态影响因素——基于社会生态系统（SES）框架》,《华中师范大学学报（人文社会科学版）》第 4 期。

（37）胡鞍钢、周绍杰（2014）:《绿色发展：功能界定、机制分析与发展战略》,《中国人口·资源与环境》第 1 期。

（38）黄林楠、张伟新等（2008）:《水资源生态足迹计算方法》,《生态学报》第 3 期。

（39）黄腾、赵佳佳等（2018）:《节水灌溉技术认知、采用强度与收入效应——基于甘肃省微观农户数据的实证分析》,《资源科学》第 2 期。

（40）贾蕊、陆迁（2017）：《信贷约束、社会资本与节水灌溉技术采用——以甘肃张掖为例》，《中国人口·资源与环境》第5期。

（41）贾苏尔·阿布拉、王竹等（2021）：《南疆沙漠绿洲传统聚落对自然地理环境的适应性》，《经济地理》第3期。

（42）焦勇、朱美玲（2014）：《基于信息熵的可变模糊评价的农业用水效率测算》，《节水灌溉》第1期。

（43）康紫薇、张正勇等（2020）：《基于土地利用变化的玛纳斯河流域景观生态风险评价》，《生态学报》第18期。

（44）孔祥智（2018）：《中国农民合作经济组织的发展与创新（1978~2018）》，《南京农业大学学报（社会科学版）》第6期。

（45）赖斯芸、杜鹏飞等（2004）：《基于单元分析的非点源污染调查评估方法》，《清华大学学报（自然科学版）》第9期。

（46）雷小牛、周迎等（2010）：《关于对天山北坡经济带水资源优化配置的建议》，《干旱区地理》第6期。

（47）李桂花、李育松（2019）：《新时代生态生产力理论：基本内涵、核心理念与践行路径》，《山东社会科学》第8期。

（48）李静、马潇璨（2014）：《资源与环境双重约束下的工业用水效率——基于SBM-Undesirable和Meta-frontier模型的实证研究》，《自然资源学报》第6期。

（49）李曼、陆迁等（2017）：《技术认知、政府支持与农户节水灌溉技术采用——基于张掖甘州区的调查研究》，《干旱区资源与环境》第12期。

（50）李青圃、张正栋等（2019）：《基于景观生态风险评价的宁江流域景观格局优化》，《地理学报》第7期。

（51）李青松、张凤太等（2022）：《长江经济带农业用水绿色效率测度及影响因素分析——基于超效率EBM-Geodetector模型》，《中国农业资源与区划》第5期。

（52）李文杰、胡霞（2021）：《为何农民合作社未成为"弱者联合"而由"强者主导"——基于农民合作社组建模式的实现条件分析》，《中国经济问题》第2期。

（53）李志青（2003）：《可持续发展的"强"与"弱"——从自然资源消耗的生态极限谈起》，《中国人口·资源与环境》第 5 期。

（54）梁静溪、张安康等（2018）：《基于权重约束 DEA 和 Tobit 模型农业灌溉用水效率实证研究——以黑龙江省为例》，《节水灌溉》第 4 期。

（55）刘昌明（2002）：《二十一世纪中国水资源若干问题的讨论》，《水利水电技术》第 1 期。

（56）刘珉（2011）：《集体林权制度改革：农户种植意愿研究——基于 Elinor Ostrom 的 IAD 延伸模型》，《管理世界》第 5 期。

（57）刘维哲、唐溧等（2019）：《农业灌溉用水经济价值及其影响因素——基于剩余价值法和陕西关中地区农户调研数据》，《自然资源学报》第 3 期。

（58）刘晓敏、王慧军（2010）：《黑龙港区农户采用农艺节水技术意愿影响因素的实证分析》，《农业技术经济》第 9 期。

（59）刘渝、宋阳（2019）：《基于超效率 SBM 的中国农业水资源环境效率评价及影响因素分析》，《中国农村水利水电》第 1 期。

（60）陆迁、王昕（2012）：《社会资本综述及分析框架》，《商业研究》第 2 期。

（61）〔美〕罗伯特·D. 帕特南（2001）：《使民主运转起来：现代意大利的公民传统》，王列、赖海榕译，江西人民出版社。

（62）马琼（2008）：《塔里木河流域水资源产权配置的经济学分析》，《干旱区资源与环境》第 1 期。

（63）孟丽红、陈亚宁等（2006）：《塔里木河流域水资源可持续利用的生态经济管理模式与策略》，《干旱区资源与环境》第 5 期。

（64）孟丽红、陈亚宁等（2008）：《新疆塔里木河流域水资源承载力评价研究》，《中国沙漠》第 1 期。

（65）孟庆民、韦文英等（2001）：《可持续发展类型与测度的理论探讨》，《干旱区资源与环境》第 1 期。

（66）苗珊珊（2014）：《社会资本多维异质性视角下农户小型水利设施合作参与行为研究》，《中国人口·资源与环境》第 12 期。

（67）宁理科、刘海隆等（2013）：《塔里木河流域水资源系统脆弱性定量评价研究》，《水土保持通报》第 5 期。

（68）牛方曲、封志明等（2018）：《资源环境承载力评价方法回顾与展望》，《资源科学》第 4 期。

（69）潘方杰（2020）：《"两山"视角下生态功能空间划分及发展对策研究》，华中师范大学博士学位论文。

（70）潘忠文、徐承红（2020）：《我国绿色水资源效率测度及其与经济增长的脱钩分析》，《华中农业大学学报（社会科学版）》第 4 期。

（71）彭建、党威雄等（2015）：《景观生态风险评价研究进展与展望》，《地理学报》第 4 期。

（72）钱龙、钱文荣（2018）：《外出务工对农户农业生产投资的影响——基于中国家庭动态跟踪调查的实证分析》，《南京农业大学学报（社会科学版）》第 5 期。

（73）乔斌、颜玉倩等（2023）：《基于土地利用变化的西宁市景观生态风险识别及优化策略》，《生态学杂志》第 8 期。

（74）秦剑（2015）：《水环境危机下北京市水资源供需平衡系统动力学仿真研究》，《系统工程理论与实践》第 3 期。

（75）秦鹏、孙国政等（2016）：《基于多元联系数的水环境安全评价模型》，《数学的实践与认识》第 2 期。

（76）邱东（2014）：《我国资源、环境、人口与经济承载能力研究》，经济科学出版社。

（77）任嘉敏、马延吉（2020）：《地理学视角下绿色发展研究进展与展望》，《地理科学进展》第 7 期。

（78）任平、刘经伟（2019）：《高质量绿色发展的理论内涵、评价标准与实现路径》，《内蒙古社会科学（汉文版）》第 6 期。

（79）任玉芬、苏小婉等（2020）：《中国生态地理区城市水资源利用效率及影响因素》，《生态学报》第 18 期。

（80）尚松浩、蒋磊等（2015）：《基于遥感的农业用水效率评价方法研究进展》，《农业机械学报》第 10 期。

（81）沈晓梅、谢雨涵（2022）：《农业绿色水资源利用效率及其影响因素研究》，《中国农村水利水电》第 3 期。

（82）舒全峰、苏毅清等（2018）：《第一书记、公共领导力与村庄集体行动——基于 CIRS "百村调查" 数据的实证分析》，《公共管理学报》第 3 期。

（83）苏毅清、秦明等（2020）：《劳动力外流背景下土地流转对农村集体行动能力的影响——基于社会生态系统（SES）框架的研究》，《管理世界》第 7 期。

（84）孙才志、姜坤等（2017）：《中国水资源绿色效率测度及空间格局研究》，《自然资源学报》第 12 期。

（85）孙小龙、郜亮亮等（2019）：《产权稳定性对农户农田基本建设投资行为的影响》，《中国土地科学》第 4 期。

（86）〔美〕汤姆·蒂坦伯格、琳恩·刘易斯（2016）：《环境与自然资源经济学》，王晓霞等译，中国人民大学出版社。

（87）陶园、徐静等（2021）：《黄河流域农业面源污染时空变化及因素分析》，《农业工程学报》第 4 期。

（88）田浩、刘琳等（2021）：《天山北坡经济带关键性生态空间评价》，《生态学报》第 1 期。

（89）田凯（2001）：《科尔曼的社会资本理论及其局限》，《社会科学研究》第 1 期。

（90）佟金萍、马剑锋等（2015）：《长江流域农业用水效率研究：基于超效率 DEA 和 Tobit 模型》，《长江流域资源与环境》第 4 期。

（91）汪翡翠、汪东川等（2018）：《京津冀城市群土地利用生态风险的时空变化分析》，《生态学报》第 12 期。

（92）王博、朱玉春（2018）：《劳动力外流与农户参与村庄集体行动选择——以农户参与小型农田水利设施供给为例》，《干旱区资源与环境》第 12 期。

（93）王长建、杜宏茹等（2015）：《塔里木河流域相对资源承载力》，《生态学报》第 9 期。

（94）王刚毅、刘杰（2019）：《基于改进水生态足迹的水资源环境与经济发展协调性评价——以中原城市群为例》，《长江流域资源与环境》第 1 期。

（95）王红帅、李善同（2021）：《可持续发展目标间关系类型分析》，《中国人口·资源与环境》第9期。

（96）王洁萍（2016）：《新疆农业水资源利用效率及农户灌溉经济效益研究》，新疆农业大学硕士学位论文。

（97）王敏、胡守庚等（2022）：《干旱区绿洲城镇景观生态风险时空变化分析——以张掖绿洲乡镇为例》，《生态学报》第14期。

（98）王让会、马映军（2001）：《干旱区山盆体系物质能量及信息的耦合关系——以塔里木盆地周边山地系统为例》，《山地学报》第5期。

（99）王亚华（2017）：《对制度分析与发展（IAD）框架的再评估》，《公共管理评论》第1期。

（100）王亚华、高瑞等（2016）：《中国农村公共事务治理的危机与响应》，《清华大学学报（哲学社会科学版）》第2期。

（101）王亚华、舒全峰（2021）：《公共事物治理的集体行动研究评述与展望》，《中国人口·资源与环境》第4期。

（102）王亚华、陶椰等（2019）：《中国农村灌溉治理影响因素》，《资源科学》第10期。

（103）王亚华、汪训佑（2014）：《中国渠系灌溉管理绩效及其影响因素》，《公共管理评论》第1期。

（104）王昱、赵廷红等（2012）：《西北内陆干旱地区农户采用节水灌溉技术意愿影响因素分析——以黑河中游地区为例》，《节水灌溉》第11期。

（105）温忠麟、叶宝娟（2014）：《中介效应分析：方法和模型发展》，《心理科学进展》第5期。

（106）薛彩霞、黄玉祥等（2018）：《政府补贴、采用效果对农户节水灌溉技术持续采用行为的影响研究》，《资源科学》第7期。

（107）杨春伟、赵秀生等（2001）：《塔里木河流域水资源调配SD模型及应用》，《农业技术经济》第3期。

（108）杨艳琳、袁安（2019）：《精准扶贫中的产业精准选择机制》，《华南农业大学学报（社会科学版）》第2期。

（109）杨扬、蒋书彬（2016）：《基于DEA和Malmquist指数的我国农业灌溉用水效率评价》，《生态经济》第 5 期。

（110）于智媛、梁书民（2017）：《基于 Miami 模型的西北干旱半干旱地区灌溉用水效果评价——以甘宁蒙为例》，《干旱区资源与环境》第 9 期。

（111）余根坚（2014）：《节水灌溉条件下水盐运移与用水管理模式研究》，武汉大学博士学位论文。

（112）曾俊霞（2023）：《互联网的不同使用对职业农民病虫害绿色防控技术采纳的影响——基于全国 2544 名农民的调查数据》，《湖南农业大学学报（社会科学版）》第 3 期。

（113）曾昭、刘俊国（2013）：《北京市灰水足迹评价》，《自然资源学报》第 7 期。

（114）张兵、孟德锋等（2009）：《农户参与灌溉管理意愿的影响因素分析——基于苏北地区农户的实证研究》，《农业经济问题》第 2 期。

（115）张光辉、聂振龙等（2022）：《西北内陆流域下游区天然绿洲退变主因与机制》，《水文地质工程地质》第 5 期。

（116）张广朋、徐海量等（2016）：《近 20a 叶尔羌河流域生态服务价值对土地利用/覆被变化的响应》，《干旱区研究》第 6 期。

（117）张华、王礼力（2020）：《农业水贫困对农户节水灌溉技术采用决策的影响》，《干旱区资源与环境》第 12 期。

（118）张靖琳、吉喜斌等（2018）：《河西走廊中段临泽绿洲水资源供需平衡及承载力分析》，《干旱区地理》第 1 期。

（119）张军峰、孟凡浩等（2018）：《新疆孔雀河流域人工绿洲近 40 年土地利用/覆被变化》，《中国沙漠》第 3 期。

（120）张可、李晶等（2017）：《中国农业水环境效率的空间效应及影响因素分析》，《统计与决策》第 18 期。

（121）张玲玲、丁雪丽等（2019）：《中国农业用水效率空间异质性及其影响因素分析》，《长江流域资源与环境》第 4 期。

（122）张青青、徐海量等（2012）：《基于玛纳斯河流域生态问题的生态安全评价》，《干旱区地理》第 3 期。

（123）张天宇、卢玉东等（2018）：《基于多层次模糊综合评价模型的沙漠绿洲水资源承载力评价与预测》,《水土保持通报》第 2 期。

(124) 张晓玲 (2018):《可持续发展理论:概念演变、维度与展望》,《中国科学院院刊》第 1 期。

(125) 张鑫、李磊等 (2019):《时空与效率视角下汾河流域农业灰水足迹分析》,《中国环境科学》第 4 期。

(126) 张学环、李志刚等 (2015):《农户对玉米节水灌溉技术选择的影响因素分析——以通辽市科尔沁区实际调查为例》,《内蒙古民族大学学报(自然科学版)》第 4 期。

(127) 张雪茂、董廷旭等 (2022):《涪江流域景观生态风险空间异质性特征分析》,《水土保持研究》第 3 期。

(128) 张益、孙小龙等 (2019):《社会网络、节水意识对小麦生产节水技术采用的影响——基于冀鲁豫的农户调查数据》,《农业技术经济》第 11 期。

(129) 张振龙、孙慧 (2017):《新疆区域水资源对产业生态系统与经济增长的动态关联——基于 VAR 模型》,《生态学报》第 16 期。

(130) 赵东升等 (2019):《生态承载力研究进展》,《生态学报》第 2 期。

(131) 赵丽平、李登娟等 (2020):《2003~2016 年湖北省农业用水效率测算及时空差异》,《水资源与水工程学报》第 5 期。

(132) 郑红霞、王毅等 (2013):《绿色发展评价指标体系研究综述》,《工业技术经济》第 2 期。

(133) 钟水映、简新华 (2017):《人口、资源与环境经济学》,北京大学出版社。

(134) 周红云 (2003):《社会资本:布迪厄、科尔曼和帕特南的比较》,《经济社会体制比较》第 4 期。

(135) 朱启荣、杨琳 (2016):《我国贫水地区国内与国际贸易中虚拟水净流量及影响因素研究——以山东省为例》,《国际贸易问题》第 6 期。

(136) Alauddin M., Rashid Sarker M. A., Islam Z., and Tisdell C., 2020, "Adoption of Alternate Wetting and Drying (AWD) Irrigation as a

Water-saving Technology in Bangladesh: Economic and Environmental Considerations", *Land Use Policy*, Vol. 91.

（137）Alejandro Portes, 1998, "Social Capital: Its Origins and Applications in Modern Sociology", *Annual Review Sociology*, No. 24.

（138）Barthel R., 2010, "Regional Assessment of Global Change Impacts : The Project GLOWA-Danube", *Water Resources Management*.

（139）Bennett, Jeff W., 2015, "Economics of Natural Resources and the Environment", *American Journal of Agricultural Economics*, Vol. 73, No. 1.

（140）Bulte E. H., Damania R., and Deacon R. T., 2005, "Resource Intensity, Institutions, and Development", *World Development*, Vol. 33, No. 7.

（141）Chen, Yaning, 2013, "Progress, Challenges and Prospects of Eco - Hydrological Studies in the Tarim River Basin of Xinjiang, China", *Environmental Management*, Vol. 51, No. 1.

（142）Cheng Bo, and Li Huaien, 2021, "Improving Water Saving Measures is the Necessary Way to Protect the Ecological Base Flow of Rivers in Water Shortage Areas of Northwest China", *Ecological Indicators*, Vol. 123.

（143）Cramer J. S., 2002, "The Origins of Logistic Regression", Tinbergen Institute Working Paper , Vol. 119, No. 4.

（144）Critto A., Torresan S., Semenzin E., and Giove S., et al., 2007, "Development of a Site-specific Ecological Risk Assessment for Contaminated Sites: Part Ⅰ. A Multi-criteria Based System for the Selection of Ecotoxicological Tests and Ecological Observations", *Science of the Total Environment*, Vol. 31, No. 4.

（145）Csete M., and Horváth Levente, 2012, "Sustainability and Green Development in Urban Policies and Strategies", *Applied Ecology and Environmental Research*, Vol. 10, No. 2.

（146）Daily, 1992, "Population, Sustainability and Earth's Carrying Capacity: A Framework for Estimating Population Sizes and Lifestyles that Could be Sustained Without under Mining Future Generations ", Ecological Applications.

（147）Dionisio P. B. C., Arthur H. E., and Chris P., 2020, "Irrigation Technology and Water Conservation: A Review of the Theory and Evidence", *Review of Environmental Economics and Policy*, Vol. 2, No. 2.

（148）Domene X., Ramirez W., and Mattana S., et al., 2008, "Ecological Risk Assessment of Organic Waste Amendments Using the Species Sensitivity Distribution from a Soil Organisms Test Battery". *Environmental Pollution*, Vol. 155, No. 2.

（149）Donkor, Ebenezer, and J. Hejkrlik, 2021, "Does Commitment to Cooperatives Affect the Economic Benefits of Smallholder Farmers? Evidence from Rice Cooperatives in the Western Province of Zambia", *Agrekon*, Vol. 60, No. 7.

（150）Eduardo Araral, 2008, "What Explains Collective Action in the Commons? Theory and Evidence from the Philippines", *World Development*, Vol. 37, No. 3.

（151）Elinor Ostrom, 2009, "A General Framework for Analyzing Sustainability of Social-Ecological Systems", *Science*, Vol. 325, No. 419.

（152）Fang G., Chen Y., et al., 2018, "Variation in Agricultural Water Demand and Its AttribAtions in the Arid Tarim River Basin", *The JoArnal of AgricAltAral Science*, Vol. 156, No. 3.

（153）Feng Meiqing, et al., 2022, "Comprehensive Evaluation of the Water-energy-food Nexus in the Agricultural Management of the Tarim River Basin, Northwest China", *Agricultural Water Management*, Vol. 271.

（154）Field, Ding Barry C., and Field, 2005, "Natural Resources Abundance and Economic Growth", *Land Economics*, Vol. 81, No. 4.

（155）Friedman A., 2012, *Fundamentals of Sustainable Dwellings*, Washington, D. C.: Island Press.

（156）Furuya K., 2004, "Environmental Carrying Capacity in an Aquaculture Ground of Seaweeds and Shellfish in Sanriku Coast", *Bulletin of Fisheries Research Agency (Japan)*.

（157）Gene S., Cesari, and Henry Jarrett, 1967, "Environmental

Quality in a Growing Economy", *Technology & Culture*.

（158）Geng Q., Ren Q., and Nolan R. H., et al., 2019, "Assessing China's Agricultural Water Use Efficiency in a Green-blue Water Perspective: A Study Based on Data Envelopment Analysis", *Ecological indicators*, Vol. 96.

（159）Hammer S., 2011, "Cities and Green Growth: A Conceptual Framework", OECD Regional Development Working Papers.

（160）Harris, and Laurence, 1980, "Agricultural Coperatives and Development Policy in Mozambique", *Journal of Peasant Studies*, Vol. 7, No. 3.

（161）Hualin X., Peng W., and Hongsheng H., 2013, "Ecological Risk Assessment of Land Use Change in the Poyang Lake Eco-economic Zone, China", *International Journal of Environmental Research & Public Health*, Vol. 10, No. 1.

（162）Huang Q., Wang J., and Li Y., 2017, "Do Water Saving Technologies Save Water? Empirical Evidence from North China", *Journal of Environmental Economics & Management*, Vol. 82.

（163）Jha S., Kaechele H., and Sieber S., 2019, "Factors Influencing the Adoption of Water Conservation Technologies by Smallholder Farmer Households in Tanzania," *Water*.

（164）Jouvet, Pierre–André, de Perthuis C., 2013, "Green Growth: From Intention to Implementation", *International Economics*, No. 134.

（165）Klümper F., and Theesfeld I., 2017, "The Land-water-food Nexus: Expanding the Social-ecological System Framework to Link Land and Water Governance", *Resources*.

（166）K. Lei, and S. Zhou, 2012, "Per Capita Resource Consumption and Resource Carrying Capacity: A Comparison of the Sustainability of 17 Mainstream Countries", *Energy Policy*, Vol. 42.

（167）Landis W. G., 2003, "Twenty Years Before and Hence: Ecological Risk Assessment at Multiple Scales with Multiple Stressors and Multiple Endpoints", *Human and Ecological Risk Assessment: An International*

Journal, Vol. 9, No. 5.

(168) Lei L., and Dakuan, Q. et al., 2022, "Research on the Influence of Education and Training of Farmers' Professional Cooperatives on the Willingness of Members to Green Production—Perspectives Based on Time, Method and Content Elements", *Environment, Development and Sustainability*, Vol. 26, No. 7.

(169) Li Xin, Yang Chaoxian, and Xin Guixin, et al., 2023, "Landscape Ecological Risk Characteristics of Three Gorges Reservoir Area Basedon Terrain Gradient", *Research of Soil and Water Conservation*, Vol. 30, No. 2.

(170) Li X., Li S., and Zhang Y., et al., 2021, "Landscape Ecological Risk Assessment under Multiple Indicators", *Land*, Vol. 10, No. 7.

(171) Liu Hao, et al., 2022, "Spatial-temporal Evolution Characteristics of Landscape Ecological Risk in the Agro−pastoral Region in Western China: A Case Study of Ningxia Hui Autonomous Region", *Land*, Vol. 11, No. 10.

(172) Lopez−Gunn E., Zorrilla P., and Prieto F., et al., 2012, "Lost in Translation? Water Efficiency in Spanish Agriculture", *Agricultural Water Management*, Vol. 108.

(173) Lv T., Liu W., and Zhang X., et al., 2021, "Spatiotemporal Evolution of the Green Efficiency of Industrial Water Resources and Its Influencing Factors in the Poyang Lake Region", *Physics and Chemistry of the Earth*, Parts A/B/C, No. 5.

(174) Marcis J., E. P. D. Lima, and S. E. G. D. Costa, 2019, "Model for Assessing Sustainability Performance of Agricultural Cooperatives'", *Journal of Cleaner Production*, Vol. 234.

(175) Mauser W., Prasch M., 2015, *Regional Assessment of Global Change Impacts-The Project GLOWA-Danube*, Springer International Publishing.

(176) Mcdowell M. A., and Adams W. M., 1991, "Green Development: Environment and Sustainability in the Third World", *The Journal of Asian Studies*, Vol. 4, No. 11.

（177） Mei Huaizhi, et al. , 2010, "Advances in Study on Water Resources Carrying Capacity in China", *Procedia Environmental Sciences*, Vol. 2.

（178） Molinos Garcia J. , and Takao S. , et al. , 2016, "Improving the Interpretability of Climate Landscape Metrics: An Ecological Risk Analysis of Japan's Marine Protected Areas", *Plant Biotechnology*, Vol. 33, No. 3.

（179） Neumayer E. , 2010, "Scarce or Abundant: The Economics of Natural Resource Availability", *Journal of Economic Surveys*, Vol. 14, No. 3.

（180） Nima Nejadrezaei, and Mohammad Sadegh Allahyari, et al. , 2018, "Factors Affecting Adoption of Pressurized Irrigation Technology among Olive Farmers in Northern Iran", *Applied Water Science*, Vol. 8, No. 190.

（181） Obery A. M. , and Landis W. G. , 2010, "A Regional Multiple Stressor Risk Assessment of the Codorus Creek Watershed Applying the Relative Risk Model", *Human and Ecological Risk Assessment*, Vol. 91, No. 1.

（182） Paul J. , Van, et al. , 2016, "New Approaches to the Ecological Risk Assessment of Multiple Stressors", *Marine and Freshwater Research*, Vol. 67, No. 4.

（183） Pearce D. W. , Atkinson G. D. , 1993, "Capital Theory and the Measurement of Sustainable Development: An Indicator of 'Weak' Sustainability", *Ecological Economics*, Vol. 8, No. 2.

（184） Peng J. , Pan Y. , and Liu Y. , et al. , 2018, "Linking Ecological Degradation Risk to Identify Ecological Security Patterns in a Rapidly Urbanizing Landscape", *Habitat International*, Vol. 71.

（185） Pezzey J. , 1992, "Sustainability: An Interdisciplinary Guide", *Environmental Values*, Vol. 1, No. 4.

（186） Piet G. J. , Knights A. M. , and Jongbloed R. H. , et al. , 2017, "Ecological Risk Assessments to Guide Decision-making: Methodology Matters", *Environmental Science & Policy*, Vol. 68.

（187） Rebecka, Törnqvist Jeker, and Jarsjö, 2012, "Water Savings Through Improved Irrigation Techniques: Basin-scale Quantification in Semi-arid

Environments", *Water Resources Management*, Vol. 26, No. 4.

(188) Rees W. E., 1992, "Ecological Footprints and Appropriated Carrying Capacity: What Urban Economics Leaves Out", *Environment and Urbanization*, Vol. 4, No. 2.

(189) Rogers P., Daly H. E., 1996, "Beyond Growth: The Economics of Sustainable Development", Population and Development Review.

(190) Shumeta Z., and M. D'Haese, 2018, "Do Coffee Farmers Benefit in Food Security from Participating in Coffee Cooperatives? Evidence from Southwest Ethiopia Coffee Cooperatives", *Food & Nutrition Bulletin*, Vol. 39, No. 2.

(191) Simon D., and Feenberg J., 2003, *Invisible Colleges: Diffusion of Knowledge in Scientific Communities*, The University Of Chicago Press.

(192) Su Huaizhi, et al., 2013, "A Method for Evaluating Sea Dike Safety", *Water Resources Management*, Vol. 27, No. 15.

(193) Tan Li, et al., 2023, "Evaluation of Landscape Ecological Risk in Key Ecological Functional Zone of South-to-North Water Diversion Project, China", *Ecological Indicators*, Vol. 147.

(194) Tang J., Folmer H., and Xue J., 2016, "Adoption of Farm-based Irrigation Water-saving Techniques in the Guanzhong Plain, China", *Agricultural Economics*, Vol. 47, No. 4.

(195) Tone K., 2001, "A Slacks-based Measure of Efficiency in Data Envelopment Analysis", *European Journal of Operational Research*, Vol. 130, No. 3.

(196) T. Feike, et al., 2015, "Development of Agricultural Land and Water Use and Its Driving Forces along the Aksu and Tarim River, P. R. China", *Environmental Earth Sciences*, Vol. 73.

(197) Wackernagel M., Rees W. E., 1997, "Perceptual and Structural Barriers to Investing in Natural Capital: Economics from an Ecological Footprint Perspective", *Ecological Economics*, Vol. 20.

(198) Wackernagel, Mathis, 1996, *Our Ecological Footprint: Reducing*

Human Impact on the Earth, New Society Publishers.

(199) Wang H. , Liu X. , and Zhao C. , et al. , 2021, "Spatial-temporal Pattern Analysis of Landscape Ecological Risk Assessment Based on Land Use/Land Cover Change in Baishuijiang National Nature Reserve in Gansu Province, China", *Ecological Indicators*, Vol. 124.

(200) Wang M. , He B. , Zhang J. , and Jin, Y. , 2021, "Analysis of the Effect of Cooperatives on Increasing Farmers' Income from the Perspective of Industry Prosperity Based on the Psm Empirical Study in Shennongjia Region", *Sustainability*, Vol. 13, No. 23.

(201) Wang Yahua, Araral Eduardo, and Chen Chunliang, 2016, "The Effects of Migration on Collective Action in the Commons: Evidence from Rural China", *World Development*, Vol. 88, No. 1.

(202) Wang Yiding, et al. , 2022, "Evaluation of Sustainable Water Resource Use in the Tarim River Basin Based on Water Footprint", *Sustainability*, Vol. 14, No. 17.

(203) Wang Zhonggen, et al. , 2014, "Quantitative Evaluation of Sustainable Development and Eco-environmental Carrying Capacity in Water-deficient Regions: A Case Study in the Haihe River Basin, China", *Journal of Integrative Agriculture*, Vol. 13, No. 1.

(204) Wang, 2010, *International History of the Twentieth Century*, College and Research Libraries.

(205) Ward P. S. , Bell A. R. , Droppelmann K. , and Benton T. G. , 2018, "Early Adoption of Conservation Agriculture Practices: Understanding Partial Compliance in Programs with Multiple Adoption Decisions", *Land Use Policy*, Vol. 70.

(206) Wenhu Q. , 1987, "A Systems Dynamics Model for Resource Carrying Capacity Calculating", *Journal of Natural Resources*, Vol. 2, No. 1.

(207) Williams C. C. , Millington A. C. , 2004, "The Diverse and Contested Meanings of Sustainable Development", *The Geographical Journal*, Vol. 170, No. 2.

（208）Wu Bin, et al. , 2015, "Optimizing Water Resources Management in Large River Basins with Integrated Surface Water-groundwater Modeling: A Surrogate-Based Approach", *Water Resources Research*, Vol. 51, No. 4.

（209）Wu J. , Zhu Q. A. , and Qiao N. A. , et al. , 2021, "Ecological Risk Assessment of Coal Mine Area Based on 'Source-sink' Landscape Theory—A Case Study of Pingshuo Mining Area", *Journal of Cleaner Production*, Vol. 259, No. 1.

（210）Wu X. , and Ding Y. , 2018, "The Service Supply Effect of Cooperatives Under Economic Transformation: A Demand-supply Perspective", *Sustainability*, Vol. 10, No. 9.

（211）Xu Bin, et al. , 2022, "Landscape Ecological Risk Assessment of Yulin Region in Shaanxi Province of China", *Environmental Earth Sciences*, Vol. 81, No. 21.

（212）Yang Dan, et al. , 2021, "Do Cooperatives Participation and Technology Adoption Improve Farmers' Welfare in China? A Joint Analysis Accounting for Selection Bias ", *Journal of Integrative Agriculture*, Vol. 20, No. 6.

（213）Ye Z. , Chen Y. , and Li W. , et al. , 2009, "Effect of the Ecological Water Conveyance Project on Environment in the Lower Tarim River, Xinjiang, China ", *Environmental Monitoring & Assessment*, Vol. 149, No. 1-4.

（214）Yuan K. , Yang Z. , and Wang S. , 2021, "Water Scarcity and Adoption of Water-saving Irrigation Technologies in Groundwater Over-exploited Areas in the North China Plain," *Irrigation Science*, Vol. 39.

（215）Zhang S. W. , Shi P. J. , and Li H. , 2014, "On the Water Ecological Civilization Construction and Strategic Measures of the Sustainable Utilization of Water Resources in Shiyang River Basin", Applied Mechanics and Materials. Trans Tech Publications Ltd. .

（216）Zhang Z. , et al ., 2014, "Development Tendency Analysis and Evaluation of the Water Ecological Carrying Capacity in the Siping Area of Jilin

Province in China Based on System Dynamics and Analytic Hierarchy Process",
Ecological Modelling, Vol. 275, No. 10.

（217）Zhang Z. Y. , et al. , 2020, "Landscape Ecological Risk Assessment
in Manas River Basin Based on Land Use Change", *Acta Ecologica Sinica*,
Vol. 40, No. 18.

（218）Zhao D. D. , Liu J. G. , Sun L. X. , et al. , 2021, "Quantifying
Economic-social-environmental Trade-offs and Synergies of Water-supply
Constraints: An Application to the Capital Region of China", *Water Research*,
Vol. 195, No. 2.

（219）Zhou S. , Griffiths S. P. , 2008, "Sustainability Assessment for
Fishing Effects (SAFE): A New Quantitative Ecological Risk Assessment
Method and Its Application to Elasmobranch Bycatch in an Australian Trawl
Fishery", *Fisheries Research*, Vol. 91, No. 1.

图书在版编目（CIP）数据

塔里木河流域水资源利用效率与绿色发展 / 王光耀，
邓昌豫著 . --北京：社会科学文献出版社，2024.12.
ISBN 978-7-5228-4750-4

Ⅰ. TV213.4

中国国家版本馆 CIP 数据核字第 2024MF0313 号

塔里木河流域水资源利用效率与绿色发展

著　　者 / 王光耀　邓昌豫

出 版 人 / 冀祥德
责任编辑 / 周雪林
责任印制 / 王京美

出　　版 / 社会科学文献出版社（010）59367126
　　　　　　地址：北京市北三环中路甲 29 号院华龙大厦　邮编：100029
　　　　　　网址：www.ssap.com.cn
发　　行 / 社会科学文献出版社（010）59367028
印　　装 / 三河市尚艺印装有限公司

规　　格 / 开 本：787mm×1092mm　1/16
　　　　　　印 张：15.5　字 数：245 千字
版　　次 / 2024 年 12 月第 1 版　2024 年 12 月第 1 次印刷
书　　号 / ISBN 978-7-5228-4750-4
定　　价 / 98.00 元

读者服务电话：4008918866